PÂTISSERIE!
L'ultime Référence

法國甜點聖經平裝本 1

巴黎金牌主廚的
麵團、麵包與奶油課

Christophe Felder 著

郭曉賡 譯

做出超完美糕點的樂趣是無止境的。

Christophe Felder
克里斯道夫・菲爾德

目 錄

克里斯道夫 ・ 菲爾德其人

憑著對甜點的熱情以及在甜點製作這方面的才華，克里斯道夫 ・ 菲爾德（Christophe Felder）在23歲那年就當上克里雍酒店（hôtel de Crillon）的糕點主廚。他創新發明了許多新式甜點，特別是在日本，他還出版多部糕點著作，在企業擔任顧問，培訓糕點從業人員，甚至開設一家糕點學校，為廣大的糕點愛好者服務。他充分利用各種途徑傳播和分享他的技藝與美食。

克里斯道夫 ・ 菲爾德身兼糕點師傅、巧克力師傅、冰淇淋師傅、糖果師傅，出身亞爾薩斯希爾梅克鎮（Schirmeck）一個麵包師世家。受家庭環境的影響，他的童年是聞著美味的芳香度過的。長大以後，菲爾德把對美食的這份獨特感受發展且昇華為技術和愉悅的完美結合體。麵粉和麵團細膩的觸感，香草、奶油和香料的香味，水果誘人的色澤、芬芳的氣味及清脆的口感，這些對菲爾德來說都是源源不斷的創意源泉，同時也是發揮才能的發動機。菲爾德為人嚴謹且單純，最大的快樂是與人分享自己的經驗，所以他會盡最大的努力把自己的技術成果介紹給大眾，對他來說這點非常重要。培訓和指導學生占去他大半的工作時間，比重越來越高；長久以來，他堅持把自己的技能成果分享給更多的人，並和志同道合的人分享自己對美食的熱愛，這是他的人生目標。

菲爾德為人嚴謹、感覺敏銳，知識淵博，又富於幽默感：在他看來，高品質的甜點自始至終都應該為人們帶來幸福的感覺，且能夠更直接地表達本身的內涵。他所創作的甜點從不膚淺做作，總是充滿趣味；在創作過程中，超越和滿足是菲爾德始終堅持的原則。他使用桑麗卡黑罐（Pot noir Sonia Rykiel），來提高巧克力的檔次（以表達他對設計師 Sonia Rykiel 的敬意），配以新鮮多彩的異國水果。他針對日本顧客開發了一系列的甜點，以創意重新詮釋幾款經典甜點。他的創意與高雅的姿態，把人類對美食的感受發揮到極致。舉例來說：巴卡拉甜點（Baccarat），即藍莓、香草、馬鞭草口味的奶油布丁；特尼西亞（Tennisia），網球形脆巧克力百香果奶油（將優質香草及百香果奶油醬、檸檬、甜杏放入球形檸檬白巧克力內，以沙布蕾塔皮為底座）；伊蓮娜（Héléna），即鳳梨、香菜和巧克力混合的果醬；親親（Le Bisous-Bisous），以麗春花、柚子、草莓、香草、藏紅花為原料的奶油布丁。這些都是他自創的甜品，全世界有很多餐館將這些甜點收錄在他們的菜單裡。

憑著出身麵包師世家的優勢，菲爾德一路走來意志堅定，貫徹始終。1981年，菲爾德進入史特拉斯堡的里茲－沃蓋倫糕餅店當了2年的甜點學徒，然後從勃艮第轉到洛林區首府梅斯，之後在盧森堡的奧布維斯工作（1985年）。1986年，他在巴黎老店馥頌（Fauchon）工作，負責精品蛋糕、點心的裝飾。1987年，菲爾德進入名廚季薩瓦（Guy Savoy）的餐廳工作，直至1989年。1984 ～

2004 年間，他一直在克里雍酒店任職，最後成為糕點主廚及整家餐廳的主廚。23 歲那年，他就成為克里雍酒店的糕點主廚，也是巴黎地區最年輕的糕點主廚。他在這家餐廳裡的創新甜點，至今仍是業界公認的經典之作。

在克里雍酒店工作的這些年來，菲爾德從未停止過對團隊夥伴的關心，他培養並激勵許多年輕的人才。如今，當年他培養的人才都成了巴黎著名餐館的領導人物，他們也都繼承菲爾德的精神，繼續培養團隊和人才。2002 年，菲爾德同時展開他的顧問生涯，為在日本的亨利‧夏邦傑（Henri Charpentier）擔任烹飪顧問。該品牌擁有 50 多家高品質的糕餅店和茶房。之後，他把擔任糕點顧問的經歷和創作的糕點產品帶回巴黎和史特拉斯堡，同時還在法國與日本、美國、比利時、西班牙、巴西、德國、墨西哥、荷蘭、義大利、烏拉圭……等世界各地，舉辦各種培訓和示範課程。

2004 年，他成立了克里斯道夫‧菲爾德－態度甜點公司；2005 年，與朋友一起收購史特拉斯堡的克雷貝爾（Kléber）酒店、ETC 酒店，之後又收購了位於奧貝奈（Obernai）的總督酒店。他們把這幾家酒店重整，最後成了主題糕餅店。菲爾德於 2009 年在史特拉斯堡開辦克里斯道夫‧菲爾德工作室，這是對一般大眾開放的糕點學校。他的糕點學校甚至開到巴黎兒童遊樂場裡面，巴黎人每週都能享受到糕點課程帶給他們的快樂體驗。

菲爾德在職業生涯中，曾獲獎無數，比較特別的是獲頒藝術及文學勳章（2004 年）和美國德州的榮譽市民（1999 年）。1989 年在史特拉斯堡，得到歐洲博覽會評審委員團頒發的金牌廚師獎。1991 年，獲得巴黎最佳甜點師獎。2000 年，他首次獲頒黃金瑪麗安獎，被《世界報》選為「未來五大廚師」之一。2003 年，在巴黎舉辦的法國霜淇淋大賽中獲得頭獎。2005 年，他出版的《我的 100 道蛋糕食譜》一書獲得最佳糕點圖書獎（從 600 本圖書中選出一本）。2006 年，他的《法國甜點聖經》理念和食譜作法的步驟圖，被安古蘭旅遊美食指南授予創新理念獎。2010 年，獲頒國家功勳騎士勳章。

菲爾德不僅是一個廚師，也是一位作家，出版過好幾本著作，透過這些作品的出版，將他熱愛的甜點藝術與讀者分享，有些書被翻譯成好幾國語言。自 1999 年以來，他寫了二十幾本專業書籍，由密內瓦出版社出版，包括《克里斯道夫的水果蛋糕》和《克里斯道夫焗菜》（2001 年）、《克里斯道夫的巧克力》（2002 年）、《我的 100 道食譜》（2004 年）、《冰淇淋和冰淇淋甜點》（2005 年）、《美味馬卡龍》（2009 年）、《美味肉桂甜酥餅乾》（2010 年），以及最寶貴的《法國甜點聖經》系列（2005-2009 年），共 9 冊。

追求完美糕點的樂趣
是美妙的體驗

5 年前我決定著手《法國甜點聖經》的理念設計，2005 年出版了第一冊《降臨節蛋糕》。之後，陸續出版了 8 冊，這幾冊是一個完整的系列，如今我決定把它們全部收錄到本書中。

我出版這本系列的目的是什麼？為什麼是《法國甜點聖經》呢？其實目的只有一個：消除大眾在做糕點時的挫敗感，保留這些糕點的原味，同時去除誇張繁雜的炫技。我希望在不降低作品品質的情況下，把我精心簡化的甜品技巧分享給大眾。

我是第一個逐步推廣這種課程理念的人，效果顯而易見：從 2006 年起，這一系列先後獲得了安古蘭旅遊美食雜誌的創新獎。如今，我的理念已逐漸為大眾所接受：從兩、三年起，不少雜誌開始報導和推廣我的理念，這點證明我這種方法是對的。事實上，糕點製作不同於傳統烹飪，糕點製作是一門精細準確的技術。

糕點製作從第一個步驟起一直到最後的成品，這一過程的每一個步驟都要求操作者必須具備扎實的基本功，稱重、測量、時間控制等，每一個環節都極其嚴格和精準。操作者應抱著學習的態度，認真且嚴格遵守每一道步驟，唯有立足於基礎上才能進一步談創新。我們不能弄虛作假，或隨意篡改材料的份量：一定要克制自己，嚴格按照基礎食譜上的用量操作。

乍看之下，這樣的要求似乎很苛，可能會讓很多原本喜歡糕點但尚未掌握技巧的人望而卻步。為了消除大家的顧慮，我設計了分解步驟，便於讀者更直接了解具體的技巧，透過分解圖，傳遞給讀者最大量的訊息。

無論如何，我認為最重要的仍是要忠於糕點製作這門藝術。你會發現這本合集裡的都是專業食譜，我沒有刪除任何一部分：沒有刪除任何材料，也沒有捨棄任何一個細節，更沒有簡化步驟或結構，我只刪除原本深奧的專業術語表達，更精確地規範敘述，更準確地示範操作技巧。我秉持精準通俗的原則撰述，不想搞得像科學理論般讓人困惑難懂。所以，讀者可以在本合集裡找到完整的食譜，我相信透過學習，每個人都可以成功完成糕點的製作。

Christophe Felder

PART

1

麵團與塔皮

麵團製作及其產品

在這個單元裡所製作的麵團，都是使用 45 號麵粉，這種麵粉不但很容易在市場上找到，而且非常好用，便於快速並成功做出成品。另外，還有 55 號麵粉，用於製作更精緻的麵團（例如製作反式千層皮），使其帶有相當的彈性，所以在使用時別忘了看麵粉外包裝上的相關資訊。

建議：讀者最好使用砂糖和糖粉，兩者都比冰糖更細。

大部分食譜做出來的是 500g 的麵團，讀者可以將它用保鮮膜包好，放入冰箱冷凍保存，方便以後使用。要用時，提前一晚取出放在冰箱冷藏解凍即可。

如果讀者以為千層酥皮會顯得很複雜，那就錯了：它只需要花點時間和正確的步驟而已，外面賣的千層酥皮成品和自己做的千層酥皮成品無法比。

做出適量的千層酥皮，包好，平放在冰箱內，冷凍保存。

避免使用精製白麵粉製作甜酥麵團、塔皮麵團、脆塔皮麵團、鹹派麵團、沙布蕾。精製白麵粉有較強的韌力支撐麵團，適合製作布里歐麵團。至於製作千層酥皮，可使用 45 號麵粉，也可以用 55 號麵粉。

根據鋼圈模具大小所使用麵團的重量（平均）

直徑 16 公分：120 ／ 140g
直徑 20 公分：180 ／ 200g
直徑 24 公分：240 ／ 260g
直徑 28 公分：280 ／ 320g

麵團的運用

麵　團	主要特點	主要用處	次要用處	理想烹製溫度	烤箱內部位置
甜酥麵團	味道多變，製作簡單，質地乾燥。	做傳統巧克力塔、檸檬塔等。	可做沙布蕾、杏仁餡小塔。	160 ／ 180℃	中部
脆塔皮	能夠保持良好的形態，放在高模具內，比塔皮麵團易碎。	製作液體餡料的塔。	可做乳酪塔或布丁。	200 ／ 220℃	底部
塔皮麵團	製作簡單快速，靜置醒麵後容易操作。	製作多汁而無奶油的水果塔。	可做鹹肉塔等鹹塔。	200 ／ 220℃	底部
沙布蕾塔皮	細沙質感，入嘴即化，有豐富氣孔奶油味濃。	烹製後的塔表裝飾。	可做各種不同形式的沙布蕾塔皮、蛋糕餅底。	180 ／ 200℃	中部
簡易千層酥皮	製作快速又簡單。	製作拿破崙千層酥或是酥餅。	可以做開胃千層酥小吃（乳酪）。	200℃	中部，可放在烤架上。
反式千層酥皮	製作略複雜，但可保證品質。	製作優質的塔、千層酥和國王餅。	可做開胃千層酥餅、蘋果餡餅。	160 ／ 180℃	中部，可放在烤盤或烘焙紙上。
巧克力千層酥（清酥）皮	顏色、味道獨特。	做橙味卡士達千層酥、鹹可麗餅。	可以做成水果塔（梨、柳橙）。	160 ／ 180℃	中部，可放在烤盤或烘焙紙上。
布列塔尼酥餅	只用於鋪放在模具中。	烹製後可做水果塔。	可做小油酥餅零食。	160 ／ 180℃	中部，成品質優。

塔皮麵團
Pâte brisée

李子塔 Tarte aux quetsches

· 準備所有的麵團材料。

· 將奶油、麵粉、鹽和砂糖放容器內,用木勺攪拌 (或直接使用橡皮刮刀)(1)。

· 所有材料攪拌均勻呈細沙狀即可。

· 一邊加入冷水一邊攪拌 (2)。

· 直到所有材料混合在一起,拌成均勻的麵團 (3)。

· 將麵團揉成球形,用保鮮膜包好 (4),冷藏靜置 2 小時左右。

· 在麵團靜置期間,將烤箱預熱至 200°C。

· 在工作檯表面撒上薄薄一層麵粉,將麵團擀成 3 公釐厚的麵皮。

· 把麵皮放在抹了奶油的塔模裡,用餐叉在底部戳些小孔 (5)。

· 在塔皮底部撒上一層麵包屑 (6) (此步驟是為了確保餅皮烤好後質酥,避免在烘烤過程中李子水浸濕了餅皮)。

· 將李子一分為二,去核。

· 再將半個李子切一小刀 (7),整齊堆放在塔皮裡 (8)。

· 放入烤箱內,烤 35 ~ 40 分鐘。

· 將砂糖和肉桂粉混合均勻,撒在烤好的李子塔表面。

· 放涼後即可食用。

份量：6 人份
準備時間：20 分鐘
麵團靜置時間：2 小時
烹調時間：35 ～ 40 分鐘

重點工具
直徑 24 公分塔模 1 個

材料
餅皮
奶油丁 125g
45 號麵粉 250g
鹽 1 小匙
砂糖 40g
冷水 125ml

內餡
細麵包屑 50g
新鮮李子 500g

砂糖 2 大匙
肉桂粉 ½ 小匙

1　將麵粉、奶油、鹽和糖混合。

2　一邊加入冷水一邊攪拌。

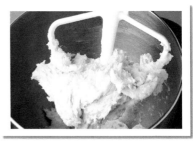

3　和成均勻的麵團。

4　用保鮮膜將麵團包好，放置在陰涼處 2 小時左右。

5　將麵團擀平，鋪放在塗好奶油的模具內，用餐叉在底部戳些小孔。

6　在餅皮底部撒上一層細細的麵包屑。

7　李子去核一分為二，每片切一小刀。

8　將李子塊整齊堆放在塔皮裡，放入 200°C 的烤箱中，烤 35 分鐘。烤好後在塔面撒上混合均勻的砂糖和肉桂粉即可。

沙布蕾塔皮
Pâte sablée

柳橙塔 Tarte à l'orange

· 將麵粉過篩到盆中 (1)，加入奶油和砂糖 (2)。

· 將奶油揉入麵粉中 (3)。

· 直到麵糊呈黃色細沙狀 (4)。

· 然後加入蛋黃 (5)，繼續揉麵，將麵團揉圓至表面光滑即可。

· 用保鮮膜將麵團包好，放入冰箱，冷藏靜置至少 2 小時左右。

製作柳橙餡

· 取一厚底的平底鍋，倒入橙汁和柳橙皮碎，以中火加熱。

· 將砂糖、蛋、蛋黃和玉米粉倒入容器中混合，攪拌均勻。

· 鍋中的橙汁煮開後，加入蛋、砂糖和玉米粉的混合物，不停地攪拌。

· 轉中火續煮，直到混合物變濃稠 (6)。

份量：6 人份
準備時間：40 分鐘
麵團靜置時間：2 小時
烹調時間：15 ～ 20 分鐘

重點工具
直徑 24 公分的塔模 1 個

材料

餅皮
麵粉 250g
奶油 140g
砂糖 100g
蛋黃 1 個

內餡
橙汁（建議鮮榨）
230ml（230g）
柳橙（取皮碎）2 個
砂糖 75g
蛋 3 個
蛋黃 2 個
玉米粉 25g
奶油丁 185g

收尾
紅砂糖 50g
糖漬柳橙皮碎（裝飾用）適量

1　將麵粉過篩到盆中。

2　加入砂糖和奶油丁。

3　將盆中材料搓勻。

4　直到麵糊呈黃色細沙狀。

5　加入 1 個蛋黃，繼續揉麵團，靜置 2 小時。

6　轉中火續煮，直到混合物變濃稠。

沙布蕾塔皮

Pâte sablée

- 煮開，持續 10 秒鐘。
- 柳橙餡做好後即可離火，加入放涼的奶油丁 (7)，不停攪拌，直到表面變順滑光亮 (8)。
- 將柳橙餡倒入乾淨的容器中，放涼後收入冰箱保存。
- 烤箱預熱至 180°C。在塔模內壁抹上一層奶油。
- 靜置後，將麵團放在撒了薄薄一層麵粉的工作檯上擀平，厚度約 3 ～ 4 公釐。
- 再把這片麵團鋪在塔模上，刮去邊緣多餘的麵皮，（壓出空氣）然後用餐叉在餅皮底部輕輕戳些小孔。
- 放入烤箱內，烤 15 ～ 20 分鐘。
- 餅皮烤上色即可出爐，放涼後脫模。

收尾

- 從冰箱中取出柳橙餡，輕輕攪拌。
- 然後倒入塔皮內，倒滿後用抹刀抹平。
- 將做好的柳橙塔放入冰箱冷藏 5 分鐘。鐵板先加熱。
- 從冰箱取出柳橙塔，表面撒上一層紅砂糖 (9)。
- 鐵板燒熱後，輕輕放在柳橙塔表面，燙其表面的紅砂糖，使其焦糖化 (10)。
- 最後撒上柳橙皮碎裝飾，即可食用。

Advice

- 將生鐵板放在火上燒熱後進行表面燙製，是我們的祖輩所使用的老方法。如果家裡沒有鐵板，可利用噴火槍。

7 柳橙餡做好後即可離火，加入奶油丁。

8 不停攪拌，直到柳橙餡表面變得順滑光亮之後，放入冰箱內冷藏。

9 在柳橙塔表面撒上一層薄薄的紅砂糖。

10 利用燒熱的鐵板輕燙表面的紅砂糖，達到效果即可。

軟塔皮麵團

Pâte brisée fondante

紅漿果開心果塔 Tarte aux fruits rouges pistache

- 在不鏽鋼攪拌碗內放入奶油攪拌，直到奶油變軟 (1)。

- 加入溫牛奶（為了攪拌方便，勿使用冰牛奶，這點很重要）和蛋黃，繼續攪拌 (2)。

- 再加入鹽花和砂糖 (3)，直到奶油變細膩光滑 (4)。

- 麵粉過篩加入奶油中 (5)。

- 繼續攪拌，直到和成麵團 (6 和 7)。

- 麵團用保鮮膜包好，放入冰箱，冷藏靜置 2 小時。

製作餡料

- 在攪拌碗中放入蛋、杏仁粉、砂糖、淡奶油、開心果仁、融化的奶油、櫻桃酒和麵粉，攪拌 2 分鐘左右，直到所有材料混合均勻。

- 保存備用。

- 烤箱預熱至 180°C。

- 從冰箱取出麵團，在工作檯上擀成 3 公釐厚的麵皮。

- 在塔模內壁抹上一層奶油，放上麵皮。

- 用刀刮去塔模邊緣多餘的麵皮。

- 用刀尖在麵皮底部劃幾刀 (8)（此方法是為避免烘焙過程中麵皮底部產生熱空氣而凸起）。

- 將紅漿果餡料倒入餅皮中，再撒上開心果仁 (9)。

- 放入烤箱，烤 40 分鐘。

- 紅漿果和開心果塔烤好後，先放涼，再脫模。最後，在表面撒上糖粉即可。

份量：6 人份
準備時間：30 分鐘
麵團靜置時間：2 小時
烹調時間：40 分鐘

重點工具
直徑 22 公分的塔模 1 個

材料
餅皮
奶油（室溫回軟）185g
溫牛奶 25g
蛋黃 1 個（10g）
鹽花 1 小匙
砂糖 1 小匙
麵粉 250g

內餡
蛋 3 個
杏仁粉 25g
砂糖 100g
淡奶油 150g
開心果仁 30g
奶油（加熱融化）25g

櫻桃酒 ½ 大匙
麵粉 ½ 大匙
各種紅色漿果
　（新鮮或冷凍）200g

＋糖粉（裝飾用）30g

1　將奶油放入攪拌碗中以慢速攪拌至勻。

2　倒入溫牛奶和蛋黃繼續攪拌。

3　再加入鹽花和砂糖。

4　繼續攪拌。

5　麵糊變得細膩光滑後，加入過篩的麵粉。

6　繼續攪拌，直到和成麵團。

7　使麵團質地細膩，表面光滑即可。靜置 2 小時。

8　把麵皮放入塔模內，用刀尖在底部輕劃幾刀。

9　倒入紅漿果麵糊餡和開心果仁，放入 180 ℃ 的烤箱內，烤 40 分鐘。

奶酥麵團

Pâte à crumble

葡萄梨奶酥 Crumble raisins poires

- 烤箱預熱至 180 °C。

- 準備所需材料。

- 將所有製作奶酥麵團的材料倒在工作檯上：麵粉、2 種糖、奶油、杏仁粉、肉桂粉和鹽 (1)。

- 以手將所有材料混合 (2)，然後慢慢揉在一起 (3、4 和 5)。

- 所有材料混合均勻揉成麵團後，用指尖將麵團搓成一段段、一顆顆小麵團 (6)。

- 奶酥麵團做好後，保存備用。

製作內餡

- 梨去皮，用檸檬汁塗抹表面，避免梨子氧化變色 (7)。

- 每個梨縱向剖開，用刀挖去果核，每塊梨再切成 3 瓣，再抹一次檸檬汁。

- 將砂糖和所有香料放入容器中，拌勻。

- 將每塊梨浸入混合的香料中蘸勻 (8)。

- 再把梨塊和葡萄堆放在準備好的模具中，表面用奶酥麵團覆蓋 (9)。

- 放入烤箱內，烤 20 分鐘左右。

- 烤好後從烤箱內取出放涼，微溫即可食用。

份量：6 人份
準備時間：20 分鐘
烹調時間：20 分鐘

重點工具
獨立模具 6 個

材料

奶酥麵團
麵粉 150g
紅砂糖 75g
砂糖 75g
奶油 150g
杏仁粉 150g
肉桂粉 1 小匙
鹽 2 小撮

內餡
梨 3 個
檸檬 1 個
砂糖 60g
肉桂粉 ½ 小匙
香菜籽粉 ½ 小匙
麝香葡萄 1 串

1　將麵粉、奶油、2 種砂糖、杏仁粉、鹽和肉桂粉都倒在工作檯上。

2　混合所有材料。

3　把奶油和其他材料混合均勻。

4　所有材料都揉勻。

5　奶油置於室溫下回軟後，與乾料混合，揉成麵團。

6　用指尖搓成一段段、一粒粒小麵團。

7　梨去皮後，表面抹上檸檬汁。

8　梨去核後，切成 6 塊，表面蘸上檸檬汁、砂糖和香料粉。

9　將梨塊和葡萄堆放在 6 個模具中，表面覆上奶酥麵團，再放入 180°C 的烤箱中，烤 20 分鐘即可。

油炸麵糊

Pâte à beignet

炸草莓 Beignets de fraise

· 將麵粉過篩到一個容器內 (1)。

· 加入鹽、蛋黃和全蛋 (2)。

· 用打蛋器將所有材料混合拌勻 (3)，直到拌成黏稠的麵團。

· 一邊慢慢倒入牛奶，一邊不停攪拌 (4)，將濃稠的麵團稀釋成麵糊 (5)。

· 直到麵糊變稀可流動即可，保存備用。

份量：約 30 個炸草莓
準備時間：20 分鐘
烹調時間：20 分鐘

重點工具
竹籤 30 根
溫度計 1 只（用以測油溫）

材料
麵糊
麵粉 100g
精鹽 1 小撮
蛋黃 2 個
蛋 1 個
全脂牛奶 100ml
蛋白 2 個
砂糖 20g

植物油（油炸用）1000ml
新鮮草莓 30 個
砂糖 100g
肉桂粉 1 小匙

1　將麵粉過篩到一個容器中。

2　再加入 2 個蛋黃、1 個全蛋和
　　精鹽。

3　用打蛋器將混合物拌勻，直到
　　形成黏稠的麵團。

4　一邊慢慢倒入牛奶，一邊不停
　　地攪拌，將濃稠的麵團稀釋成
　　麵糊。

5　打到麵糊變稀且可流動即可，
　　保存備用。

油炸麵糊
Pâte à beignet

· 用打蛋器打蛋白，同時一點一點慢慢加入砂糖 (6)。

· 蛋白打發後，用橡膠刮刀將其倒入麵糊中 (7)。

· 輕輕拌勻，讓麵糊變得很稀 (8)。

· 將油溫加熱至 180℃（可使用燉鍋或油炸鍋）。

· 利用加熱油溫的時候，讓草莓去梗，串在竹籤上。

· 取一個小碗，混合砂糖和肉桂粉。

· 當油鍋達到所需溫度後，將草莓一個接一個投入油炸麵糊中，蘸上麵糊 (9)，然後放入熱油中油炸。

· 一次炸 2 個。

· 油炸至草莓表面上色即可撈出，然後放在烘焙紙上吸掉油後，蘸上砂糖肉桂粉 (10)。

· 放涼後即可食。

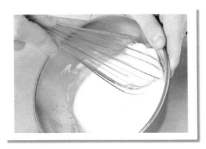

6 打蛋白，同時一點一點慢慢加入砂糖。

7 用膠皮刮板將打發的蛋白倒入油炸麵糊中。

8 輕輕拌勻，拌至麵糊變稀。

9 將油溫加熱到 180℃，把草莓去梗後插在竹籤上，蘸上麵糊。

10 把草莓放入熱油中油炸，炸熟後放在烘焙紙上，再蘸上砂糖肉桂粉即可。

27

布列塔尼酥餅
Sablé breton

大黃蘋果塔 Tarte Tatin pomme rhubarbe

· 蛋黃和砂糖放在攪拌盆中混合，用打蛋器打至發白 (1)。

· 當蛋黃打發後 (2)，加入回軟的奶油 (3)，用木勺攪拌 (4)。

· 攪拌均勻後，加入過篩的麵粉、鹽和發粉 (5)。繼續攪拌，直到和成麵團 (6)。

· 麵團用保鮮膜包好 (7)，放入冰箱冷藏保存。

· 讓麵團靜置 2 小時。

製作焦糖蘋果

· 烤箱預熱至 180°C。

· 砂糖和水倒入鍋中，以中火加熱。

· 煮開後，讓水分蒸發，直到形成焦糖（當糖的顏色變棕黃、微出煙時，應立即停止加熱，否則焦糖會變苦）。

· 焦糖做好後倒到烘焙紙上冷卻。

· 蘋果去皮，去核，每個切成 4 塊。

· 蘋果塊放入不沾烤模中，再將焦糖砸碎鋪在蘋果表面。

· 然後加入奶油和橙汁。

· 用錫箔紙將模具包好，放入烤箱內，烤 20 分鐘左右。

份量：6 人份
準備時間：45 分鐘
麵團靜置時間：2 小時
烹調時間：35 ～ 40 分鐘

重點工具
直徑 22 公分的鋼圈塔模 1 個

材料
餅皮
蛋黃 3 個
砂糖 130g
奶油（室溫回軟）150g
麵粉 200g
精鹽（滿滿的）1 小匙
發粉 1 小袋

內餡
砂糖 100g
水 3 大匙
博斯科普蘋果 4 個
奶油 1 小塊

柳橙（榨汁）½ 個
砂糖 50g
水 2 大匙
大黃（去皮並切塊）200g

收尾
白巧克力（融化後）80g
橘子 2 個
杏桃果醬 1 罐

1　將蛋黃和砂糖混合，用打蛋器打勻。

2　直到麵糊表面變細膩光滑，顏色發白。

3　加入回軟的奶油。

4　以木勺攪拌均勻。

5　再倒入過篩後的麵粉、鹽和發酵粉。

6　用木勺攪拌均勻，和成麵團。

7　用保鮮膜把和好的布列塔尼酥餅包好，放入冰箱冷藏靜置 2 小時。

布列塔尼酥餅
Sablé breton

製作大黃餡

· 將砂糖、水和大黃倒入鍋中，以中火加熱 5 分鐘，一邊用木勺攪拌。

· 大黃煮熟後，倒入乾淨的容器內，放涼後再收入冰箱內冷藏。

組合

· 將做好的布列塔尼麵團從冰箱取出 (8)，放在撒了薄薄一層麵粉的烘焙紙上，用擀麵棍將其擀成麵皮 (9)。

· 麵皮的厚度為 4 ～ 5 公釐。然後，將它切成鋼圈塔模大小的圓形 (10)，放入鋼圈塔模內，去掉多餘麵皮。

· 將麵皮連同其下的烘焙紙一起放入 180°C 的烤箱內，烤 15 ～ 20 分鐘。

· 塔皮烤好後取出，放涼。

收尾

· 用刷子蘸上融化的白巧克力，刷在烤好的塔皮底部 (11)。（此目的是防餅皮變潮濕。）

· 抹上做好的大黃餡 (12)。

· 然後把焦糖蘋果塊整齊堆放在內餡上，上面再堆一層橘子瓣。

· 將杏桃果醬加熱融化後，輕輕刷在表面。

· 即可食。

8 靜置後的麵團。

9 將麵團放在撒了薄薄一層麵粉的烘焙紙上，用擀麵棍將它擀成片。

10 然後，將麵皮切成塔模大小的圓形，放在鋼圈塔模內。放入180°C 的烤箱內，烤 15 ～ 20分鐘。

11 塔皮放涼後，在上面刷上一層融化的白巧克力。

12 在白巧克力上面抹一層大黃內餡，然後堆放水果即可。

林茲塔皮
Pâte à Linzer
我的林茲 Mon Linzer

· 將麵粉、發粉、可可粉和肉桂粉混合過篩 (1)。

· 倒入盆中,再加入砂糖、奶油丁、杏仁碎和一撮鹽 (2)。

· 用手將所有材料混合,開始揉麵 (3),使奶油與其他材料混合均勻 (4)。

· 繼續揉成細砂礫狀即可 (5)。

· 再加入 2 個蛋黃和檸檬皮碎 (6)。

· 用木勺攪拌所有材料直到形成麵團 (7)。

· 把麵團揉成球形,用保鮮膜包好。

· 放入冰箱冷藏,靜置 2 小時 (8)。

· 利用這段時間,準備製作果醬。

製作覆盆子果醬

· 需先把新鮮的覆盆子和砂糖混合放入鍋中加熱,同時以木勺不停攪拌。

· 鍋中材料煮開後,加入冷凍的醋栗和檸檬汁。

· 重新煮開,同時要不停地攪拌,持續 2 分鐘即可。

· 將煮好的果醬倒入乾淨的容器中,放入冰箱冷藏備用。

製作李子果醬

· 李子切開去核,放入鍋中,加入砂糖。

· 放在爐上煮開,同時不停地攪拌。

· 李子煮軟後,輕輕攪拌,直到形成均勻的果醬。

· 把做好的李子醬倒入乾淨的容器內,放入冰箱冷藏。

份量：8 人份
準備時間：40 分鐘
麵團靜置時間：2 小時
烹調時間：20 分鐘

重點工具
直徑 18 公分的鋼圈模 2 個

材料
餅皮
麵粉 250g
發粉 ½ 小袋
可可粉 10g
肉桂粉 1 撮
砂糖 125g
奶油丁 125g

杏仁碎 65g
鹽 1 撮
蛋 2 個
檸檬（取皮碎）1 個

內餡果醬
覆盆子（新鮮或冷凍）250g
砂糖 150g
冷凍醋栗 100g
檸檬汁 10ml

李子 350g
砂糖 250g

1 將麵粉、可可粉、肉桂粉和發粉混合，過篩。

2 加入奶油丁、砂糖、一撮鹽和杏仁碎。

3 用手將所有材料混合均勻。

4 直到奶油與其他材料充分混合在一起。

5 麵團呈細砂礫狀。

6 加入 2 個蛋和細檸檬皮碎。

7 用木勺攪拌所有材料。

8 用保鮮膜把和好的麵團包好，放入冰箱冷藏，靜置 2 小時左右。

33

林茲塔皮
Pâte à Linzer

組合

· 烤箱預熱至 180°C。

· 把林茲麵團放在撒了薄薄一層麵粉的工作檯上，擀成 3 公釐厚的麵皮。

· 取 2 個直徑 18 公分的鋼圈模，內側分別抹上一層奶油，放在麵皮上，將麵皮切割成 2 個等同鋼圈模大小的圓形 (9)。

· 保留剩餘的麵皮備用。

· 把麵皮和鋼圈塔模一起放在鋪好烘焙紙的烤盤上。

· 用手指輕輕沾水，抹在麵皮邊緣 (10)。

· 再將麵團搓成一條長 55 公分左右的粗條。

· 小心地將粗麵條圍在麵皮邊緣潮濕的部位 (11)。

· 向著鋼圈模具內壁邊緣，輕輕按壓粗麵條。

· 以餐叉在塔皮底部戳些小孔 (12)。

· 將預先做好的 2 種果醬內餡分別裝入皮中，以小鏟或小勺將表面抹平 (13)。

· 把保留下來的剩餘麵團擀成 2 公釐厚的麵皮，切成 2 公分寬的長條。

· 將每根長條交叉疊放在皮表面作裝飾 (14)。

· 然後放入烤箱內，烤 20 分鐘左右。

· 烤好後，取出放涼，脫去鋼圈模即可。

9 將麵皮放在撒了薄薄一層麵粉的工作檯上擀成片,切割成 2 個直徑為 18 公分的圓片。

10 以手指蘸水,將圓麵皮邊緣周圍沾濕。

11 把麵團搓成長條,將它圍在圓麵皮邊緣的潮濕部位。

12 以餐叉在塔皮底部戳些小孔。

13 在 2 個塔皮內裝滿果醬餡。

14 將剩餘的麵團擀成麵皮,切成寬條,交叉鋪放在塔皮表面。放入 180°C 的烤箱,烤 20 分鐘左右。

甜酥麵團
Pâte sucrée

檸檬塔 Tarte crème de citron

· 將回軟的奶油放入不鏽鋼盆中，倒入過篩的糖粉 (1)。

· 用小刀把香草豆莢籽刮出來。

· 將香草豆莢籽、杏仁粉和鹽加入奶油糖粉中 (2)。

· 以木勺攪拌盆中所有材料 (3)，直到混合均勻 (4)。

· 加入蛋，再拌勻 (5)。

· 麵粉過篩加入其中，繼續攪拌，直到和成麵團即可，應避免過度攪拌 (7)。
用保鮮膜將做好的甜酥麵團包好，放入冰箱冷藏，靜置 2 小時。

· 利用麵團靜置期間，準備製作糖漬檸檬。

製作糖漬檸檬

· 將檸檬切成 2 公釐厚的薄片。

· 在鍋中倒入砂糖和水，以中火加熱，煮開。放入檸檬片，煮 10 多分鐘（當
檸檬皮呈半透明狀即可）。

· 離火，放涼。

· 烤箱預熱至 180°C。

· 將醒好的麵團取出，放在撒了薄薄一層麵粉
的工作檯上，擀成 2 公釐厚的麵片。

· 在直徑 22 公分的鋼圈塔模內壁抹上一層薄
薄的奶油，把麵片鋪上，擠去空氣。

· 下面墊上烘焙紙，把麵片鋪平，刮去邊緣多
餘的麵片。

· 用餐叉在餅皮底部戳些小孔 (8)。

· 放入烤箱內，烤 15 ～ 20 分鐘。

份量：8 人份
準備時間：40 分鐘
麵團靜置時間：3 小時
烹調時間：20 ～ 25 分鐘

重點工具
直徑 22 公分的鋼圈塔模 1 個
食物調理棒 1 支

材料
餅皮
奶油（室溫回軟）120g
糖粉 80g
香草豆莢 1 根
（或 1 小袋香草糖）
杏仁粉 25g
精鹽 1 撮
蛋 1 個
麵粉 200g

糖漬檸檬
檸檬 1 個
砂糖 100g
水 200ml
杏桃果醬 100g
榲桲果醬 100g

檸檬奶油醬
檸檬 2 個
檸檬汁 120ml
砂糖 120g
蛋 3 個
奶油丁 175g

1 糖粉過篩後與回軟的奶油混合均勻。

2 再加入杏仁粉、香草豆莢籽和精鹽。

3 以木勺混合材料。

4 拌好後的材料。

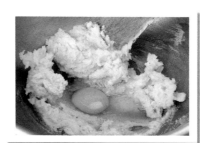
5 加入蛋，繼續攪拌。

6 最後加入過篩的麵粉。

7 輕輕拌勻，和成甜酥麵團。

8 麵團靜置 2 小時後，擀成 2 公釐厚的麵片，再放入鋼圈塔模中，底部戳些孔。放入 180℃ 的烤箱中，烤 15 ～ 20 分鐘。

甜酥麵團
Pâte sucrée

製作檸檬奶油醬

· 用去皮刀把檸檬皮刮掉。

· 把檸檬汁、砂糖和蛋倒入鍋中。

· 加入檸檬皮 (9)，以中火加熱，同時用打蛋器不停攪拌。

· 直到煮開 (10)。

· 鍋離火，鍋中混合物過篩，加入奶油丁 (11)。

· 以食物調理棒將混合的材料拌勻，大約持續攪拌 2 分鐘左右，直到奶油醬變
  得潤滑 (12)。

組合

· 塔皮烤好後，從烤箱取出，放涼。再把放涼的檸檬醬倒入塔皮中 (13)。

· 把檸檬塔放入冰箱冷藏 1 小時。

· 將糖漬檸檬片取出，用吸水紙吸乾表面水分，堆放在檸檬塔表面。

· 把杏桃果醬和榲桲果醬放入鍋中煮開。

· 用刷子蘸果醬，輕輕刷在檸檬塔表面，使其表面光亮。

· 再將檸檬塔放回冰箱冷藏，食用前取出即可。

9 鍋中倒入砂糖、蛋、檸檬汁和
檸檬皮，攪拌均勻，加熱。

10 中火煮開，同時用打蛋器不停
攪拌，直到湯汁變濃稠。

11 將檸檬醬汁過濾後，再加入奶
油丁。

12 用食物調理棒將混合材料攪拌
2分鐘左右，直到檸檬醬變得
潤滑。

13 檸檬醬倒入烤好的塔皮內，然
後抹平表面，放入冰箱中冷藏
1小時。

肉桂甜酥麵團
Pâte sucrée cannelle

甜乳酪塔 Tarte fromage blanc sucré

· 回軟的奶油放入不鏽鋼盆中，糖粉過篩到盆中 (1)。

· 接著加入杏仁粉、一撮鹽和柳橙皮碎 (2)。

· 用橡皮刮刀將不鏽鋼盆中所有的材料拌勻 (3)。

· 再加入蛋，同時輕輕攪拌 (4)。

· 倒入麵粉和肉桂粉 (5)，拌勻 (6)，和成均勻的麵團 (7)。

· 用保鮮膜將和好的麵團包好 (8)，放入冰箱冷藏，靜置 2 小時。

份量：8 人份
準備時間：35 分鐘
麵團靜置時間：2 小時
烹調時間：25 分鐘

重點工具
直徑 24 公分底部可分離的塔
模 1 個

材料
麵團
奶油（室溫回軟）
120g
糖粉 80g
杏仁粉 30g
精鹽 1 撮
柳橙皮碎適量
蛋 1 個
麵粉 200g

肉桂粉 1 小匙
乾小扁豆或其他乾豆
（如鷹嘴豆、蠶豆）
600g，烤塔皮時用

內餡
含 40% 脂肪的白黴乳
酪 250g
全脂牛奶 300ml

精鹽 1 撮
卡士達粉 50g
蛋白 125g
砂糖 65g

上色
蛋黃（打勻）2 個

1 把過篩的糖粉與回軟的奶油混合均勻。

2 加入杏仁粉和柳橙皮碎。

3 將所有材料混合，拌勻。

4 加入蛋。

5 倒入麵粉和肉桂粉。

6 攪拌均勻。

7 直到形成這樣的麵團即可。

8 用保鮮膜把麵團包好，放入冰箱冷藏，靜置 2 小時。

肉桂甜酥麵團

Pâte sucrée cannelle

- 烤箱預熱至 180℃。

- 充分醒麵後將麵團取出，放在撒了薄薄一層麵粉的工作檯上，擀成 3 公釐厚的麵片。

- 把麵片放在抹好奶油的塔模裡，小心不要把麵片弄裂。

- 然後把烘焙紙鋪在塔皮表面，再放入小扁豆，維持塔皮的原形。

- 放入烤箱，烤 20 多分鐘 (9)。

- 塔皮烤好後，除去烘焙紙與小扁豆，放涼。

- 把烤箱溫度調高到 210℃。

製作內餡

- 將白黴乳酪、牛奶和鹽放入鍋中，以中火加熱。

- 把卡士達粉倒入一個容器中，加少許的熱水稀釋，同時用打蛋器不停地打。

- 白黴乳酪和牛奶煮開後，慢慢加入卡士達粉溶液，同時用打蛋器不停地攪拌 (10)。以中火加熱 1 分鐘，不可停止攪拌，直到液體變得濃稠，即可離火。

- 將蛋白打發，同時一點一點慢慢加入砂糖。

- 蛋白打至硬性發泡 (11)，即可慢慢加入之前做好的白黴乳酪醬鍋中，同時用打蛋器不停攪拌 (12)。攪拌均勻後，倒入烤好的塔皮中。

- 用刷子蘸蛋黃，輕輕在塔皮表面刷上一層。

- 放入烤箱，烤 3 ～ 5 分鐘，表面上色即可（不要把內餡烤焦）(13)。

- 甜乳酪塔烤好後，放涼脫模，即可食用。

9　將烘焙紙鋪在塔皮上，裡面裝滿小扁豆。放入 180℃ 的烤箱中，烤 20 分鐘。

10　將鍋中的牛奶和白黴乳酪煮開，加入稀釋的卡士達粉溶液，以中火煮 1 分鐘。

11　蛋白與砂糖一起打發。

12　把打發的蛋白倒入煮好的白黴乳酪中，同時用打蛋器不停地攪拌。攪拌均勻後，倒入塔皮內（先把烘焙紙和小扁豆拿掉）。

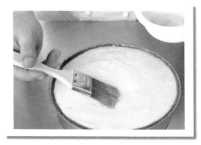

13　用刷子在塔皮表面刷上一層蛋黃。放入 210℃ 的烤箱，烤 3 ～ 5 分鐘。

薩瓦蘭麵團
Pâte à savarin

瑪麗格蘭特薩瓦蘭蛋糕
Savarin Marie-Galante

· 酵母放入容器內,用牛奶稀釋,同時用打蛋器攪拌 (1)。然後加入 2 大匙的麵粉和勻,直到形成濃稠而有彈性的麵糊,這就是所謂的魯邦種酵母 (2)。

· 在魯邦種酵母上覆蓋剩餘的麵粉,室溫下放置 30 分鐘,直到魯邦種發至之前的 2 倍 (3)。

· 加入 2 個蛋 (4),以木勺拌勻,直到麵糊變濃稠 (5)。

· 再加入剩餘的蛋,繼續攪拌 (6)。

· 直到麵糊表面光滑且有彈性 (7)。

· 加入回軟的奶油 (8)。為了使奶油與麵糊混合均勻並且保持彈性,需要用力攪拌 2 ～ 3 分鐘 (9)。

· 倒入糖和鹽,再攪拌 1 分鐘 (10)。

· 在容器上蓋一層乾淨的布 (11),放到一個較溫暖的地方,自然發酵 30 分鐘。

· 當麵團發好後,即可裝入擠花袋,再擠入內壁塗抹奶油的模具中,用剪刀來剪斷麵團。

· 烤前,用餐勺的背面蘸取乾麵粉,將每個模具中的麵團表面抹平 (12)。

· 再靜置 30 分鐘左右,再次讓薩瓦蘭麵團醒發。

· 烤箱預熱至 180°C。

· 麵團脹發至原來的 2 倍大後,放入烤箱中,烤 20 分鐘。

· 蛋糕烤好後,取出脫模,放置 5 分鐘讓表面變乾燥。

· 製作卡士達醬:將牛奶、香草豆莢籽和一半的砂糖放入鍋中煮開。取蛋黃、另一半砂糖和玉米粉混合均勻後,倒入煮開的牛奶中,同時不停地攪拌 (13)。

份量：12 個
準備時間：40 分鐘
麵團靜置時間：90 分鐘
烹調時間：25 分鐘

重點工具
桶型模具或花邊桶型模具 12 個
擠花袋 1 個

材料
餅皮
酵母 10g
牛奶 50ml
麵粉 225g
蛋 3 個
奶油（室溫回軟）50g
砂糖 20g
精鹽 5g（1 小匙）

卡士達醬
牛奶 250ml
香草豆莢 ½ 個
砂糖 60g
蛋黃 3 個
玉米粉 25g
奶油丁 25g

糖水
水 1000ml
砂糖 500g
柳橙 1½ 個
檸檬 1½ 個
肉桂 2 支
八角 2 個
香草豆莢 1 根

收尾
杏桃果醬 1 罐
當季新鮮水果

1 將牛奶和酵母混合。

2 加入麵粉拌勻，製成魯邦種。

3 覆蓋酵母使魯邦種發至之前的 2 倍。

4 加入 2 個蛋。

5 以木勺攪拌所有材料，形成結實的麵團。

6 再加入剩下的蛋。

7 繼續攪拌 2 ～ 3 分鐘。

8 加入回軟的奶油。

薩瓦蘭麵團

Pâte à savarin

· 卡士達醬以中火加熱 1 分鐘，直到變濃稠 (14)。

· 然後加入奶油丁，離火，拌勻，直到奶油完全融化 (15)。

· 將做好的卡士達醬倒入乾淨的容器內，放涼後，收入冰箱冷藏保存。

· 製作糖水：將砂糖和水混合放入鍋中煮開。

· 用刀將柳橙和檸檬去皮，把果皮放入熱糖水中 (16)。

· 加入香料（肉桂、八角），以及用刀尖刮下的香草豆莢籽和 ½ 個香草豆莢，浸泡。

收尾

· 待糖水變溫後（切勿嘗試將手指伸入糖水中測試溫度），把每一個薩瓦蘭蛋糕均勻浸泡在糖水中 (17)。

· 每個蛋糕都吸滿糖水後，再放到不鏽鋼涼架上 10 分鐘，瀝乾水分。

· 把杏桃果醬放入鍋中，以中火加熱，融化即可。用刷子蘸果醬均勻刷在蛋糕表面。

· 取出卡士達醬，用打蛋器拌勻。再用小匙（或用擠花袋）舀出一球，放在蛋糕上面。

· 根據自己喜好，選用當季水果裝飾。

Advice

· 最好提前 1 ～ 2 天製作薩瓦蘭蛋糕，才能避免蛋糕浸泡到糖水中之後碎裂。

9 再次攪拌 2～3 分鐘。

10 加入砂糖和鹽,繼續攪拌。

11 攪拌均勻後,用一塊乾淨的布蓋上,靜置 30 分鐘。

12 麵團發好膨起後,即可裝入擠花袋,擠入內壁塗抹奶油的模具中,用剪刀剪短麵團。放入 180°C 烤箱中,烤 25 分鐘。

13 牛奶煮開,加入蛋黃,同時不停攪拌。

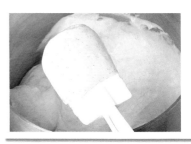

14 將卡士達醬以中火加熱,直到變濃稠。

15 離火,加入奶油丁,拌勻。放入冰箱冷藏。

16 將糖和水放入鍋中加熱煮開,然後加入香料、橙皮、檸檬皮和香草豆莢浸泡。

17 當糖水變溫後,即可取薩瓦蘭蛋糕浸泡其中。

巧克力甜酥麵團
Pâte sucrée chocolat

巧克力慕斯塔 Tarte mousse chocolat

· 將糖粉過篩，在容器中與杏仁粉、奶油、鹽和香草糖混合 (1)。

· 放入攪拌機中攪拌（或用木勺攪拌）(2)，直到所有材料混合均勻 (3)。

· 加入蛋，繼續攪拌 (4)，直到蛋完全拌勻 (5)。

· 麵粉和可可粉過篩，一起倒入 (6)，繼續攪拌，直到和成麵團 (7)。

· 將麵團整型壓扁，用保鮮膜包好 (8)，放入冰箱冷藏靜置 2 小時。

份量：6 人份
準備時間：40 分鐘
麵團靜置時間：2 小時
烹調時間：20 分鐘

重點工具
直徑 22 公分不鏽鋼圈模或
18 公分長的方形塔模 1 個

材料
餅皮
糖粉 95g
杏仁粉 30g
奶油（室溫回軟）
150g
精鹽 1 撮
香草糖 1 小袋
蛋 1 個
麵粉 225g

可可粉 15g（1 大匙）

內餡
可可含量 65% 的巧克力 290g
奶油 200g
蛋 2 個
蛋黃 2 個
砂糖 60g

1 將糖粉過篩，在容器中與杏仁粉、奶油、鹽和香草糖混合。

2 用攪拌機或木勺攪拌。

3 將所有材料攪拌均勻。

4 加入蛋，繼續攪拌。

5 直到蛋完全拌勻。

6 再把麵粉和可可粉過篩，加入其中。

7 攪拌均勻，和成麵團。

8 把麵團壓整成方形，再用保鮮膜包好，放入冰箱冷藏，靜置 2 小時。

巧克力甜酥麵團
Pâte sucrée chocolat

- 將烤箱預熱至 170°C。

- 在不鏽鋼圈塔模（或 18 公分長的方形塔模）內側抹上一層奶油。

- 從冰箱取出杏仁巧克力甜酥麵團，放在撒了一層薄薄麵粉的工作檯上，擀成 2 公釐厚的麵片。

- 用餐叉在塔皮底部戳些小孔，放入烤箱中，烤 15 分鐘左右。

- 塔皮烤好後，從烤箱內取出，放涼。

- 把烤箱的溫度升至 190°C。

- 把巧克力切碎，與奶油混合，隔水加熱（40°C），或以微波爐加熱融化後，保存。

- 將蛋和蛋黃放在一個容器中，加入砂糖，充分攪拌 5 分鐘，直到蛋液發白起泡 (9)。

- 這時再加入融化的巧克力，用橡皮刮刀輕輕拌勻 (10、11 和 12)。

- 利用橡皮刮刀將拌好的巧克力餡料均勻倒入烤好的塔皮內 (13)。

- 巧克力內餡表面要稍微高過塔皮 (14)。

- 放入 190°C 的烤箱內，烤 5 分鐘（隨時注意內部變化）。

- 巧克力慕斯塔烤好後，取出放涼，搭配義式咖啡一起食用。

9 將蛋、蛋黃和砂糖混合，打到起泡且發白。

10 用橡皮刮刀將融化好的奶油巧克力（40℃）加入。

11 輕輕攪拌。

12 直到所有材料混合均勻。

13 將巧克力內餡倒入烤好的塔皮中。

14 巧克力餡要鋪勻。

泡芙麵團
Pâte à choux

小泡芙塔 Tarte chouquettes

- 烤箱預熱至 180°C 預熱。

- 把水、牛奶、砂糖、鹽和奶油丁放入鍋中，以中火加熱 (1)。

- 將鍋中的奶油煮開，完全融化後即可離火。把麵粉撒入鍋中 (2)，同時用木勺攪拌。

- 不停地攪拌，直到麵粉把液體全部吸收 (3)。

- 這時再把鍋放回爐上，以中火加熱，同時不停地攪拌，持續 30 秒左右，直到麵團表面不顯黏稠 (4)。

- 當麵團表面乾爽，即可將麵團倒入容器中，停止加熱。

- 再把蛋一個個加入麵團中，同時用木勺攪拌。

- 蛋要慢慢加入麵團中，使麵團變稠 (5)。做好的泡芙麵團應該不稀也不稠 (6)。

- 將泡芙麵團裝入擠花袋，擠花嘴直徑為 8 公釐。

- 將泡芙麵團擠在抹了一層奶油的烤盤上，每球間距大約 2 公分，可做 35 個泡芙球 (7)。

- 再取一個蛋輕輕打勻，用刷子蘸取蛋液，輕輕刷在每個泡芙球表面 (8)，以便在烘烤過程中上色。

- 放入預熱至 180°C 的烤箱中（期間不要打開烤箱門，否則會造成泡芙脹發程度不夠），烤 20 分鐘。

- 泡芙烤好後，放在不鏽鋼涼架上冷卻。

製作慕斯琳奶油霜

- 將牛奶、香草豆莢籽和一半的砂糖放入鍋中，煮開 (9)。

- 把蛋黃、另一半的砂糖和玉米粉混合。

份量：8 人份
準備時間：40 分鐘
麵團靜置時間：2 小時
烹調時間：45 分鐘

重點工具
直徑 8 公分的小塔模 8 個
擠花袋 1 個
平頭圓口擠花嘴 1 個
圓口花邊擠花嘴 1 個

材料
餅皮
水 125ml
牛奶 125ml
砂糖 1 小匙
精鹽 1 小匙
奶油丁 115g
麵粉 140g
蛋 4 個
＋蛋（上色）1 個

慕斯琳奶油霜
牛奶 250ml
香草豆莢籽 1 根
砂糖 60g
蛋黃 3 個
玉米粉 25g
奶油丁 25g

配料及裝飾
醒發的肉桂甜酥麵團
（參考第 40 頁）400g
杏桃果醬 150g
糖粒（用於製作小泡芙的糖粒，
大型超市或專賣店有售）50g
全脂淡奶油 150g
糖粉 1 大匙
黑巧克力（融化好）100g

1 將水、砂糖和奶油丁倒入鍋中煮開。

2 煮開後攪拌均勻即可離火，加入麵粉，大力攪拌。

3 繼續攪拌，直到麵粉和液體材料混合均勻。

4 將鍋重新放在中火上加熱，直到麵團表面不黏稠。

5 把麵團倒入容器中。將蛋一個接一個加入其中，利用木勺將麵團和蛋充分混合均勻。

6 混合均勻的泡芙麵團不軟也不硬，用木勺舀起不會立刻掉下，會像一條帶子懸下來。

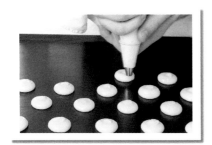

7 用擠花袋將泡芙麵團擠成圓形小球，每個間距 2 公分。

8 用刷子在麵團表面刷上一層蛋液。放入 180℃ 的烤箱中，烤 20 分鐘。

9 將牛奶、香草豆莢籽和一半的砂糖放入鍋中煮開。加入混合好的蛋黃，另外一半砂糖和澱粉，不停攪拌。

53

泡芙麵團
Pâte à choux

- 當牛奶快要煮開的時候，加入混合好的蛋液，同時迅速攪拌。

- 中火煮 1 分鐘左右，直到混合液變稠但滑順 (10)。

- 加入奶油丁，離火攪拌 (11)。

- 將拌好的慕斯琳奶油霜倒入乾淨的容器內，放涼後，冷藏。

製作配料與最後裝飾

- 將肉桂甜酥麵團擀成 2 公釐厚的麵片，用餅乾模將麵皮切割成直徑為 10 公分的圓片。

- 取直徑 8 公分的小鋼圈塔模，在每個塔模內側抹上一層奶油，鋪上做好的圓形麵片，鋪勻後用小刀刮去邊緣多餘的麵片 (12)。

- 將裝好麵皮的塔模放在抹了奶油的烤盤上，用餐叉在底部戳些小孔。

- 放入預熱至 180°C 的烤箱中，烤 15 ～ 20 分鐘。

- 塔皮烤好後，從烤箱取出放涼。

- 從冰箱取出慕斯琳奶油霜，用打蛋器攪拌均勻，裝入塔皮裡 (13)。

- 再把剩餘的慕斯琳奶油霜裝入擠花袋，選用小擠花嘴（5 ／ 6 公釐），插入每個小泡芙的底部，擠入奶油霜 (14)。

- 將杏桃果醬放入鍋中，以中火加熱煮開即可。

- 把每個小泡芙頂部粉泡在杏桃果醬中 (15)，再蘸上糖粒 (16)。

- 將全脂淡奶油和 1 大匙糖粉混合在一個盆中，用打蛋器打發成鮮奶油。再將鮮奶油裝入擠花袋中。

- 把 3 個小泡芙堆放在一個肉桂甜酥塔皮中，接縫處擠上鮮奶油，最上面再放一個小泡芙。

- 最後，以小勺舀取融化的黑巧克力淋在上面即可。

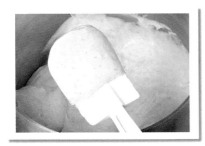

10 以中火將牛奶蛋黃醬煮開，直到滑順濃稠。

11 離火後加入奶油丁。

12 將麵片裝入塔模，用小刀刮去邊緣多餘的麵皮。用餐叉在底部戳一些小孔，再放入預熱至 180°C 的烤箱中，烤 15 ～ 20 分鐘。

13 把打好的慕斯琳奶油霜裝入塔皮內。

14 利用擠花袋，把擠花嘴插入每個小泡芙底部，再擠入奶油霜。

15 在每個小泡芙頂部蘸上杏桃果醬。

16 然後再蘸上小糖粒。

薄塔皮
Pâte à étirer

朗德蘋果餡餅 Tourte landaise

· 將麵粉過篩到一個容器內 (1)。

· 然後加入蛋、鹽、冷水和葵花籽油 (2)。

· 用手和麵 (3)，將所有的材料混合均勻 (4)，揉成不黏手指的麵團 (5)。

· 麵團和好後，拿在手中 (6)，揉成球形 (7)。

· 把麵團移到深底容器中。

· 倒入葵花籽油，直到油沒過麵團 (8)，泡 7 分鐘左右（這方法是為避免麵團在靜置過程中變乾，同時也便於之後的操作）。

· 過 7 分鐘後，把葵花籽油全部倒出。再用保鮮膜密封住容器。

· 將麵團放入冰箱冷藏，靜置至少 2 小時。

· 製作前 30 分鐘，將麵團從冰箱取出，置於常溫下。

· 利用這段時間加工蘋果：去皮，縱向對切成 2 塊，去核。

· 然後再縱向切成一片片，每片約 2 ～ 3 公釐厚，放入一個容器中。

· 倒入利口酒和砂糖，攪拌均勻，備用。

份量：10 人份
準備時間：45 分鐘
麵團靜置時間：至少 2 小時
烹調時間：30 分鐘

重點工具
紗布 1 大塊（或棉布 1 塊）
直徑 22 公分的塔模 2 個
披薩滾刀 1 把

材料
餅皮
麵粉 350g
蛋 1 個
冷水 150ml
鹽 1 撮
葵花籽油 1 大匙

葵花籽油（用於浸泡麵團）400ml

內餡與收尾
奶油 125g
砂糖 250g
糖粉 75g

砂糖 40g
黃蘋果 6 個
利口酒 30ml（可依個人喜好選擇：如柑曼怡香橙干邑香甜酒、威士忌、黑蘭姆）

1 將麵粉過篩到一個容器中。

2 然後加入蛋、冷水、鹽和葵花籽油。

3 開始用手和麵。

4 把麵團和均勻。

5 和到麵團不黏手指為止。

6 麵團和好即可以雙手操作。

7 將麵團揉成球形，盡可能揉到表面光滑。

8 將麵團放入容器底部，倒入葵花籽油，讓油沒過麵團，浸泡7 分鐘。再把葵花籽油全部倒出，用保鮮膜密封好，將麵團放入冰箱冷藏，至少靜置 2 小時。利用這段時間加工蘋果。

薄塔皮

Pâte à étirer

· 將麵團從容器中取出，放到工作檯上。

· 以手將麵團按平 (9)，按到薄厚一致，表面光滑，便於拉伸 (10)。如何測試其延展性，麵團必須可以輕易地拉薄而不會破掉才行。

· 將麵團平均切成 2 塊（因為一整塊麵團需要大面積的地方才能操作）。

· 在工作檯上鋪放紗布，撒上薄薄一層麵粉。

· 將麵皮反扣在紗布上，同時用手從麵皮的中心向外輕輕拉扯：注意麵皮的薄厚度要保持一致，盡可能地拉成薄薄一層麵片 (11)。如果不小心拉破麵片也不要擔心，做出來的成品是看不出來的。

· 將麵片拉成寬約 80 公分、長約 1.2 公尺的大小。

· 將奶油融化，均勻刷在麵片上 (12)。

· 再撒上薄薄一層砂糖 (13)。

· 利用披薩滾刀將麵片切成 10 張 25 公分寬的麵皮 (14)。烤箱預熱至 180℃。

· 將 8 張麵皮鋪放在模具底部，一定要蓋過模具邊緣 (15)。

· 把蘋果堆放在麵皮上 (16)。

· 把模具邊緣外的麵皮往內折，蓋住蘋果 (17)，再把剩下的 2 張麵皮鋪好在最上面。

· 利用細篩網，把糖粉撒在表面 (18)。

· 放入烤箱，烤 30 分鐘。

Advice

· 如果操作空間有限，無法製作大張的麵皮，可以先將麵團分成若干小麵團（例如一次兩個兩個），再拉成小麵皮，以便於操作。

· 這種麵團有點像法式潤餅皮 (feuille de brick) 或超薄的希臘菲洛薄派皮 (pâte à filo)。但是老實説，這種麵團更棒，做起來當然需要一些技巧。

9 將麵團取出放在工作檯上，用手壓平。

10 按到薄厚一致，表面光滑，沒有凹凸。一分為二。

11 將其中一片放在撒有薄薄一層麵粉的紗布上。用手輕輕將其拉薄，拉勻。

12 用刷子在麵片表面刷上一層融化的奶油。

13 再撒上一層薄薄的砂糖。

14 利用披薩滾刀將麵片切成 10 張麵皮。

15 將其中的 8 張麵皮鋪放在模具底部，要蓋過模具的邊緣。在裡面堆放蘋果。

16 將模具邊緣外的麵皮向內折疊，蓋住蘋果。

17 再把留下的 2 張麵皮漂亮地鋪放在頂部裝飾。

18 利用細篩網，把糖粉撒在表面。放入 180℃ 的烤箱內，烤 30 分鐘。

簡易千層酥皮
Feuilletage minute

橘子千層酥餅 Feuilleté mandarine

· 將麵粉、奶油丁、砂糖和鹽放在容器中 (1)。

· 將所有材料混合 (2)，奶油與麵粉要充分混合 (3)。

· 揉成像厚厚的奶酥麵團 (4)。

· 和好後，加入水 (5)，再重新攪拌 (6)。

· 不停地用手揉，麵團會逐漸成形 (7 和 8)。

· 所有的材料充分混合後麵團就算揉好了 (9)。

· 用保鮮膜包好麵團，放入冰箱冷藏，靜置 30 分鐘。

製作卡士達醬

· 鍋中倒入牛奶、香草豆莢籽和一半用量的砂糖，加熱。把蛋黃、另一半的砂糖、玉米粉和麵粉混合，拌勻。

· 將後者倒入即將煮開的牛奶中，同時不停地攪拌。

· 繼續以中火加熱 1 分鐘左右，直到形成濃稠的卡士達醬。

· 再加入奶油丁，離火攪拌，直到奶油完全融化，混合在卡士達醬中。

· 將卡士達醬倒入一個乾淨的容器中，收入冰箱冷藏。

（參考第 44 ～ 47 頁薩瓦蘭麵團，步驟 13 ～ 15）

份量：6 人份
準備時間：40 分鐘
麵團靜置時間：30 分鐘
烹調時間：15 分鐘

重點工具
擠花袋 1 個

材料

酥皮
麵粉 200g
奶油丁 240g
砂糖 4 小匙
鹽 2 小匙
冷水 90ml

卡士達醬
牛奶 250ml
香草豆莢（取籽）½ 根
砂糖 50g
蛋黃 2 個
玉米粉 20g

麵粉 1 小匙
奶油丁 20g
橘子 6 個
＋糖粉（裝飾用）50g

1　將麵粉、奶油丁、砂糖和鹽放在容器中。

2　用手將所有材料混合。

3　直到奶油與麵粉充分混合。

4　揉成像厚厚的奶酥塊。

5　加入冷水。

6　繼續用手混合攪拌。

7　不停地揉。

8　五指彎曲成爪狀揉麵，直到麵團和在一起。

9　所有材料混合均勻。用保鮮膜包好麵團，放入冰箱冷藏，靜置 30 分鐘。

簡易千層酥皮
Feuilletage minute

- 烤箱預熱至 180℃。

- 將麵團從冰箱取出，放在撒好一層薄薄麵粉的工作檯上 (10)。

- 將麵團擀成 3 ～ 4 公釐厚，再用刀裁成 40×30 公分的方片。

- 將麵皮放在烤盤上，用餐叉在上面戳些小孔 (11)。

- 上蓋一層烘焙紙，再壓一個不鏽鋼涼架 (12)，避免麵皮在烘焙過程中變形。

- 放入烤箱，烤 15 分鐘左右。

- 麵皮烤好後，取出。將烤箱溫度調高到 220℃。

- 取掉烘焙紙和不鏽鋼涼架，烤好的麵皮放涼。

- 利用細篩網，把糖粉撒在麵皮表面 (13)，再將麵皮放入烤箱烤 2 ～ 3 分鐘，直到表面的糖粉融化變成焦糖。

- 取出後，待完全冷卻後再進行下一步驟。

組合與裝飾

- 把卡士達醬從冰箱取出，用打蛋器輕輕攪拌均勻。

- 橘子去皮，一瓣瓣掰開，再用刀縱向將每瓣橘子一分為二。

- 取鋸齒刀將烤好的千層酥皮縱向切開，每刀間隔 6 公分，再把每一長條每隔 9 公分橫向切開，呈長方形。最後，每片對角斜切成 2 塊三角形 (14)。

- 利用擠花袋（或簡單利用一支餐勺），把卡士達醬擠在三角形千層酥皮的中央 (15)。

- 在卡士達醬周圍堆放橘子瓣 (16)，表面再擠上少許卡士達醬，便於沾黏。

- 再取一片三角千層酥皮輕輕對齊放上，即可食用。

10 將麵團從冰箱取出，放在撒有薄薄一層麵粉的工作檯上。將麵團擀成 3 ～ 4 公釐厚，用刀裁成 40×30 公分的方片。

11 將麵皮放在烤盤上，用餐叉在上面戳出大量的小孔。

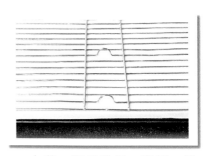

12 上蓋一層烘焙紙，再壓一個不鏽鋼涼架。放入 180℃ 的烤箱內，烤 15 分鐘左右。

13 千層酥皮烤好後，放涼。然後用細篩網，把糖粉撒在麵皮表面，再將麵皮放入 220℃ 的烤箱，烤 2 ～ 3 分鐘，直到表面的糖粉融化變成焦糖。

14 將烤好的千層酥皮切成三角形；每片大小一致。

15 在每片中心擠上卡士達醬。

16 在卡士達醬的周圍堆放橘子瓣，表面再擠上少許卡士達醬，再取一片三角千層酥皮輕輕對齊放上即可。

焦糖奶油酥
Kouign amann

· 取小碗融化好 10g 奶油，備用。

· 將麵粉過篩到攪拌碗內 (1)，加入鹽和酵母 (2)（注意後面這 2 種材料不要直接接觸，因為鹽會阻礙酵母發酵）。

· 再倒入冷水和融化的奶油 (3)，輕輕攪拌，大約 2 ～ 3 分鐘。直到所有材料混合成富彈性的麵團 (4)。

· 麵團表面滑潤後，即可用保鮮膜包好，放入冰箱冷藏，靜置 1 小時左右。

· 麵團靜置後，取出。放在撒有薄薄一層麵粉的工作檯上，擀成規則的長方片。

· 用擀麵棍將 225g 的奶油擀成長方形，面積約為麵皮的一半 (5)。

· 將奶油片放在麵皮中間，然後折疊麵皮蓋住奶油 (6)。

· 旋轉 90 度，即麵皮的折痕為縱向。

· 把麵皮擀成 60 公分長，然後平均折疊成 3 層 (7)（就像錢包一樣：這種方法稱為「折疊麵團」）。

· 再將麵皮旋轉 90 度 (8)，麵皮的折痕在右手邊，縱向堆放。

份量：15 個
準備時間：45 分鐘
麵團靜置時間：2 小時
麵團發酵時間：30 ～ 40 分鐘
折疊次數：4 次
烹調時間：20 ～ 25 分鐘

重點工具
直徑 8 公分的鋼圈塔模 15 個

材料

酥皮

奶油 10g
麵粉 275g
鹽 1 小匙
酵母 5g
冷水 165ml

整塊奶油 225g
砂糖 225g

＋糖（整形用）50g

1 將麵粉過篩到攪拌碗內。

2 加入鹽和新鮮酵母。

3 倒入冷水和融化的奶油，輕輕攪拌。

4 直到所有材料混合均勻，形成略帶彈性的麵團。用保鮮膜包好，放入冰箱冷藏，靜置 1 小時左右。

5 麵團擀成長方片，把奶油放在麵皮中間。

6 將麵皮向內折疊，裹住奶油。

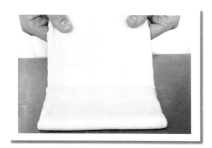

7 擀成 60 公分長的麵片，再折疊成 3 層，像折錢包一樣。

8 將麵皮旋轉 90 度。

焦糖奶油酥
Kouign amann

- 再次將麵皮擀開 (9)，重複之前的步驟 (10)。

- 完成後，用保鮮膜將麵皮包好，放入冰箱冷藏，靜置 1 小時。

- 稱出 225g 的砂糖。

- 在工作檯上輕撒一層砂糖，放上麵皮與砂糖一起擀平 (11)。

- 再次將麵皮擀成 60 公分的長片，在上面撒上大量砂糖，用擀麵棍將表面的砂糖擀入麵皮中 (12)，把麵皮翻轉過來，再重複以上步驟。

- 把麵皮折疊 (13)，像前面的步驟，旋轉 90 度，重新擀平。

- 再次折疊，將砂糖擀入麵皮中 (14)。

- 再旋轉 90 度，將麵皮擀成 4 公釐厚的片（當然可以在工作檯上輕輕撒上一層麵粉）。

- 然後將麵皮平均切割成 10 公分寬的方片 (15)。

- 在工作檯上撒 50g 的砂糖。

- 在砂糖上面放一片小麵皮，4 個角朝中心對折 (16、17、18 和 19)。

9 將麵皮重新擀成 60 公分長的麵片。

10 折疊成 3 層，冷藏靜置約 1 小時。

11 將麵皮旋轉 90 度，撒上砂糖，再擀成 60 公分長的片。

12 擀成麵皮之後，再次撒上砂糖。利用擀麵棍將砂糖擀入麵皮內。

13 再次折疊成 3 層。

14 旋轉 90 度，擀成麵片，然後折疊成 3 層，同時撒上所有的砂糖。

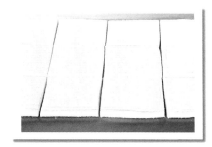

15 再將麵皮擀成 4 公釐厚的麵片，平均分割成 10 公分寬的方片。

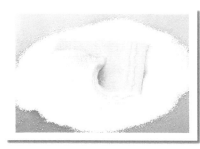

16 在工作檯上撒上大量砂糖，放上一小片麵皮，第一個角向中心對折。

17 第二個角向中心對折。

18 第三個角向中心對折。

19 第四個角向中心對折。

焦糖奶油酥
Kouign amann

· 再次把新出現的 4 個角向中心對折，如此一來麵皮就會呈一個圓形 (20、21 和 22)。

· 將每個做好的圓形麵皮放在直徑 8 公釐的鋼圈塔模中 (23)。

· 把每個鋼圈塔模放在鋪好一張張烘焙紙的烤盤上。

· 把烤盤放在室溫下，讓烤盤中的麵皮醒發 30 ～ 40 分鐘。

· 麵皮膨脹發起後，即可放入 180°C 的烤箱中，烤 20 ～ 25 分鐘。

· 最好將烤盤放在烤箱中部或上部。因為麵皮會很快升溫，底部容易上色。

· 奶油酥餅烤好後，從烤箱內取出，放涼後脫模。

Advice

· 這種布列塔尼特有的甜點可做成大型的塔類產品。在這種情況下，只需將麵皮邊緣向內折疊即可。

· 餅皮最好不要太早做好，因為糖會在冰箱內融化。

20　再次將出現的四個角向中心折
　　疊。

21　繼續把出現的邊角向中心折
　　疊，同時向中心按壓。

22　這樣麵皮就會形成圓形。

23　把每個餅皮放在抹了奶油的鋼
　　圈塔模中。醒發後放入 180°C
　　的烤箱中，烤 20 ～ 25 分鐘。

巴斯克蛋糕麵團
Pâte à gâteau basque

・把回軟的奶油、砂糖和杏仁粉放入同一個容器中 (1)。用橡皮刮刀將所有材料混合均勻 (2)，然後加入檸檬皮碎 (3)，繼續攪拌。

・再加入一個蛋黃和 ½ 個蛋 (4)，再攪拌。

・當蛋液與其他材料混合均勻後，加入麵粉和鹽 (5)，拌勻，和成麵團 (6)。

・用保鮮膜將做好的巴斯克蛋糕麵包好，放入冰箱冷藏，靜置 2 小時。

・利用這段時間準備內餡。

製作內陷

・牛奶倒入鍋中，以中火加熱煮開。

・打蛋黃，加入砂糖與麵粉，拌勻。

・倒入煮開的牛奶中，同時不停地攪拌 (7)。

・中火加熱，直到液體逐漸變稠即可。

・煮好卡式達醬後，加入黑蘭姆酒 (8)，不停地攪拌，加熱 1 分鐘 (9)。

份量：6 人份
準備時間：40 分鐘
麵團靜置時間：2 小時
烹調時間：30 分鐘

重點工具
直徑 22 公分鋼圈塔模 1 個
擠花袋 1 個
平頭圓口擠花嘴 1 個
刷子 1 把

材料
餅皮
奶油（室溫回軟）175g
砂糖 125g
杏仁粉 85g
檸檬皮碎 ½ 個
蛋黃 1 個
蛋液 25g
麵粉 225g
鹽 1 撮

內餡
牛奶 250ml
蛋黃 3 個
砂糖 45g
麵粉（過篩）20g
優質黑蘭姆酒 30ml

紅櫻桃果醬（或黑櫻桃果醬）150g

蛋（表面上色用）1 個
＋鹽 1 撮

1 把回軟的奶油、砂糖和杏仁粉放入容器中。

2 用橡皮刮刀將所有材料混合均勻。

3 加入檸檬皮碎，繼續攪拌。

4 加入 ½ 個蛋（打成蛋液）和 1 個蛋黃。

5 當蛋液與其他材料混合均勻後，加入麵粉和鹽。

6 充分拌勻，直到和成麵團。用保鮮膜將做好的巴斯克蛋糕麵團包好，放入冰箱冷藏，靜置 2 小時。

7 蛋黃與砂糖、麵粉放在一起攪拌均勻。牛奶煮開，倒入混合液，同時不停攪拌。

8 煮好卡士達醬後，再加入黑蘭姆酒。

巴斯克蛋糕麵團

Pâte à gâteau basque

- 做好的蘭姆卡士達醬用保鮮膜密封，常溫保存。

- 烤箱預熱至 180°C。

- 巴斯克蛋糕麵團充分靜置後，分成 2 塊。其中一塊用手揉軟 (10)，再揉成球形 (11)。

- 把球形麵團擀成 4 公釐厚的圓片。取一個直徑 22 公分的鋼圈塔模，內壁塗抹奶油，放在麵皮中央，切割麵皮 (12 和 13)。

- 鋼圈塔模需置中，周圍才能切割出一圈圓形的麵皮。

- 切割下的多餘麵皮重新揉成粗細一致的長條 (14)，把這條長形麵團圍繞在鋼圈塔模的內壁上 (15)。

- 利用餐叉，在塔皮底部戳些小孔 (16)。

- 緊緊貼著塔皮內側邊緣，用擠花袋（或小勺）將蘭姆卡士達醬沿著邊緣擠成一圈 (17)。

- 再把櫻桃果醬倒在中央。

- 刷子沾水，在塔皮邊緣表面輕輕刷一層 (18)，即可放到烤盤上 (19)。

9 蘭姆卡士達醬煮開，加熱 1 分鐘左右即可離火。用保鮮膜封好備用。

10 將巴斯克蛋糕麵團分成 2 塊，其中一塊用手輕輕揉。

11 把麵團揉成一個球形後，擀成 4 公釐厚的圓片。

12 利用塗抹奶油的鋼圈塔模，將麵皮切割成圓形。

13 移除多餘的麵皮。

14 把多餘的麵皮揉成粗細一致的長條。

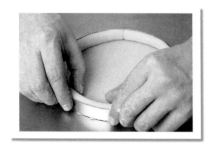

15 將長條麵團圍在鋼圈塔模的內壁上，用手壓實。

16 利用餐叉，在塔皮底部戳幾個小孔。

17 用擠花袋或小勺，將蘭姆卡士達醬緊貼塔皮內側邊緣擠一圈。

18 把櫻桃果醬鋪放在中央後，用刷子沾水，在塔皮邊緣表面輕輕刷上一層。

19 然後放在烤盤上。

巴斯克蛋糕麵團

Pâte à gâteau basque

- 接著，把第二塊巴斯克蛋糕麵團揉好，同樣擀成 4 公釐厚的圓片。

- 將這個圓麵片蓋在塔皮頂部 (20)。

- 用手把表面鋪平，再利用擀麵棍沿著鋼圈塔模的邊緣擠壓，把多餘的麵皮割下來 (21)。

- 去掉多餘的麵皮後 (22)，打蛋，加一撮鹽拌勻。

- 用刷子蘸上蛋液，刷在塔皮表面 (23)。

- 利用餐叉，在麵皮表面劃些紋路，當作裝飾 (24)。

- 放入 180°C 的烤箱中，烤 30 分鐘左右。

- 蛋糕烤好後，放涼脫模即可。

20 把第二塊巴斯克蛋糕麵團擀成圓片後，蓋在塔皮的頂部。

21 用擀麵棍沿著鋼圈塔模的邊緣擠壓，把多餘的麵皮割下。

22 去掉多餘的麵皮。

23 用刷子蘸上蛋液，均勻地刷在塔皮表面。

24 利用餐叉，在麵皮表面上劃些紋路，作為裝飾。放入 180°C 的烤箱中，烤 30 分鐘左右。

巧克力千層酥皮
Feuilletage chocolat

巧克力千層酥 Mille-Feuille chocolat

· 將麵粉和可可粉一起過篩,篩到一個攪拌碗內 (1)。

· 準備所需材料:冷水、融化的奶油和鹽 (2),倒入攪拌碗內與麵粉和可可粉混合,以低速攪拌 (3)(也可以用手完成此步驟)。注意操作時間不要過久。

· 麵團應該和勻,略硬即可 (4)。

· 麵團整型,揉成正方形,避免過多折疊或搓揉。用保鮮膜包好,放入冰箱冷藏,靜置 2 小時。

· 將麵團從冰箱取出,擀成 1 公分厚的正方形麵片。

· 在奶油塊上撒一層薄麵粉,擀成正方形的餅皮。把奶油片放在麵皮中間 (5)。

· 將麵皮的 4 個角向奶油片上折疊 (6),把奶油完全蓋住。

· 將接縫處擀平,擀勻 (7)。

· 撒上薄薄一層麵粉,擀起來會比較容易,但是也不要撒過多,否則會影響成品的質感與口感。

· 將麵皮擀成長方形,厚度約 8 ～ 9 公釐 (8)。

· 擀好即可平均折疊成 3 層,像疊餐巾一樣:麵皮寬邊向內折疊到麵皮的 ⅓ 處,再把另外一頭的寬邊也向內折疊,蓋住第二層麵皮 (9):這種製作千層酥皮的步驟稱為「折疊麵團」。

份量：10 人份
準備時間：1 小時
麵團靜置時間：至少 6 小時
烹調時間：25 ～ 30 分鐘

重點工具
擠花袋（平頭圓口的擠花嘴）
1 個

材料
餅皮
麵粉 500g
可可粉 60g
冷水 265ml
奶油（加熱融化）85g
鹽 10g
奶油塊 335g

奶油巧克力慕斯內館
奶油 500g
香菜籽碎 1 大匙
可可含量 60% 的黑巧克力
140g

甘納許
奶油 80g
砂糖 1 小匙
黑巧克力 80g
奶油 10g

收尾
糖粉 50g

1 將麵粉和可可粉一起過篩。

2 準備所需材料：融化好的奶油、冷水和鹽倒入麵粉中。

3 輕輕攪拌直到所有材料混合均勻，形成麵團。

4 圖為和好的麵團。

5 將麵團擀成 1 公分厚的正方形麵片。奶油要涼，放在麵皮中央，擀成正方形的麵片。

6 把麵皮 4 個角向內折疊，包裹住奶油片。

7 麵皮將奶油完全蓋住後，將接縫處擀平整，即可開始擀千層酥皮。

8 用擀面棍將餅皮擀成 8 ～ 9 公釐厚的麵片。

9 將麵皮平均折疊成 3 層，也就是從麵皮寬邊向內折疊到餅皮的 1/3 處，再把另一頭的寬邊也向內折疊，蓋住第二層麵皮。

巧克力千層酥皮
Feuilletage chocolat

· 將麵皮向右旋轉 90 度 (10)。

· 麵皮放入冰箱冷藏 10 分鐘後再繼續操作：用擀麵棍在麵皮的上下兩頭邊緣處用力各壓一下，以免餅皮內部夾層分離 (11)。然後開始擀麵 (12)，再重複之前的步驟將麵皮折疊成 3 層 (13)。

· 用保鮮膜包好麵皮，放入冰箱冷藏，至少靜置 2 小時（最好一晚）。

· 餅皮靜置好後，再旋轉 90 度，再次擀麵並折疊麵團。旋轉麵皮，直到重複 4 次。

· 用保鮮膜包好麵皮，放入冰箱冷藏，至少靜置 2 小時。

· 再一次旋轉麵皮 90 度，最後一次折疊麵團。然後把麵皮擀成片，切割成 2 塊 40×30 公分的長方形麵皮 (14)。

· 在這個步驟，首先把麵皮擀長，先不要管尺寸大小。然後再擀寬，直到大小符合標準。這時麵皮可能會出現輕微的收縮，遇到這種情況，只要將麵皮放在工作檯上靜置一會，再捲到擀麵棍上，鋪放在烤盤上。

· 把另一片千層酥麵皮冷凍：靜置後使用。

· 烤箱溫度預熱至 180°C。

· 在烤盤內的千層酥麵皮上蓋一層烘焙紙，烘焙紙上再壓一個烤盤。放入烤箱內，烤 25 分鐘。

· 千層酥皮烤好後放涼，橫向平均切成 3 條 (15)。

· 再把烤箱溫度調高到 220°C。

· 利用細篩網，在千層酥皮表面撒上一層糖粉 (16)。

· 放入烤箱，烤 2 ～ 3 分鐘，直到糖粉變成焦糖即可取出，放涼。

製作奶油巧克力內餡

· 將一半的奶油倒入鍋中煮開即可 (17)。

· 加入香菜籽碎 (18)，在奶油中浸泡 10 幾分鐘。

10 將麵皮向右旋轉 90 度，放入冰箱冷藏 10 分鐘。

11 用擀麵棍在麵皮的上下兩頭邊緣處用力各壓一下，避免餅皮內部夾層分離。

12 再次擀麵。

13 將麵皮折疊成 3 層，用保鮮膜包好，放入冰箱冷藏，至少靜置 2 小時。取出麵皮，重複操作 2 次，每次都需要旋轉餅皮 90 度，再放入冰箱冷藏 2 小時。

14 把麵皮從冰箱取出，再次旋轉 90 度，完成最後一次折疊麵團。然後把麵皮擀成片，切割成 2 塊 40×30 公分的長方形麵皮。在烤盤內的千層酥麵皮上蓋一層烘焙紙，烘焙紙上再壓一個烤盤。放入 180°C 的烤箱，烤 25 分鐘。

15 千層酥皮烤好後放涼，橫向平均切成 3 條。

16 在千層酥皮表面撒上一層糖粉，放入 220°C 的烤箱內，烤 2～3 分鐘，直到糖粉變成焦糖即可。

17 將一半的奶油倒入鍋中，煮開即可。

18 加入香菜籽碎，在奶油中浸泡 10 幾分鐘。

巧克力千層酥皮
Feuilletage chocolat

- 利用這段時間，將巧克力切碎，放在容器中。

- 再次將鍋中奶油煮開，慢慢地直接過濾到巧克力容器裡 (19)，同時用打蛋器不停地攪拌 (20)。

- 全部的熱奶油都加入巧克力後，再把沒有加熱的那一半奶油倒入 (21)。

- 攪拌均勻後，把這份奶油巧克力內餡放入冰箱冷藏 30 分鐘左右。

- 冷藏後，取出放在一個裝滿冰塊的盆上。用打蛋器打發，打成慕斯即可 (22)，注意不要打過頭了。

- 把打發的奶油巧克力慕斯內餡裝入擠花袋，擠到第一塊烤好的巧克力千層酥皮上，一條條擠滿 (23)。

- 擠好後把另一塊烤好的巧克力千層酥皮蓋在上面 (24)，再擠上第二層奶油巧克力慕斯內餡 (25)。

- 再蓋上最後一片巧克力千層酥皮 (26)。食用前放到冰箱冷藏 30 分鐘。

製作甘納許

- 將奶油和砂糖一起煮開，然後倒入切碎的黑巧克力和奶油，拌勻。

- 最後把甘納許均勻抹在巧克力千層酥表面，冷藏後即可食用。

Advice

- 可將這份食譜的材料用量減半，千層酥皮做起來會簡單些。但是如果需要的份數較多，最好還是多做點，避免又要從頭做起。

- 剩下的千層酥麵皮可用保鮮膜包好，冷藏或冷凍保存，要用時再取出來烘烤即可。

19 重新將奶油煮開,慢慢過濾到巧克力中。

20 用打蛋器不停攪拌。

21 加熱的奶油完全倒入後,再把未加熱的涼奶油倒入,拌勻放入冰箱冷藏 30 分鐘。

22 冷藏過後,取出放到一個裝滿冰塊的盆上。用打蛋器將奶油巧克力內餡打發,打成慕斯即可停止,注意不要打過頭。

23 把打發的奶油巧克力慕斯內餡裝入擠花袋,一條條擠滿在第一塊烤好的巧克力千層酥皮上。

24 取一塊烤好的巧克力千層酥皮蓋在上面。

25 再擠上奶油巧克力慕斯內餡。

26 上面蓋上最後一片巧克力千層酥皮,食用前放在冰箱冷藏 30 分鐘。

反式千層酥皮
Feuilletage inversé

田園塔 Tarte bucolique

準備製作麵團

· 將冷水、白醋和鹽倒在容器內 (1)，輕輕攪拌，讓鹽溶化。

· 然後加入過篩的麵粉和融化放涼的奶油 (2)，以手揉麵 (3)，屈指如鉤擠壓揉
  麵團。

· 麵團和到表面光滑 (4)。

· 將麵團整成長方形，用保鮮膜包好，放入冰箱冷藏，靜置 2 小時。

製作奶油麵團

· 奶油切丁，放如容器內，加入麵粉 (5)。

· 用手把這 2 種材料混合 (6)，直到麵粉與奶油完全混合在一起 (7)。

· 將和好的奶油麵團先整成長方形，再用保鮮膜包好，放入冰箱冷藏，靜置 2
  小時 (8)。

份量：1 ～ 2 公斤的千層酥皮
準備時間：1 小時
餅皮靜置時間：至少 6 小時
烹調時間：25 ～ 30 分鐘

重點工具
直徑為 24 公分的塔模 1 個

材料

酥皮
冷水 150ml
白醋 1 大匙
鹽 18g
55 號麵粉 350g
涼奶油（加熱融化）
115g

奶油麵團
優質塊狀奶油 375g

麵粉 150g

奶油內餡
奶油（置於室溫下）100g
砂糖 100g
蛋 2 個
杏仁粉 100g
慕斯琳奶油霜（依個人喜
好選擇，參考第 52 ～ 55 頁
材料與作法）130g

收尾
砂糖 50g
博斯科普蘋果 3 個
全熟的黃桃 2 個
覆盆子 1 小盒

1 將冷水、白醋和鹽倒在容器內，輕輕攪拌。

2 倒入麵粉和融化後放涼的奶油，用手混合。

3 屈手成勾，揉壓麵團。

4 直到和勻的麵團表面光滑。

5 把奶油切成丁，放在容器內，加入麵粉。

6 以指尖將奶油和麵粉揉勻。

7 最後和成奶油麵團。

8 將奶油麵團整成長方形，用保鮮膜包好放入冰箱冷藏，靜置 2 小時。

反式千層酥皮
Feuilletage inversé

· 麵團冷藏靜置好後，放在撒了一層薄薄麵粉的工作檯上，擀成長方形麵皮。

· 再將奶油麵團也擀成長方形，直到其大小是長方形麵皮的 2 倍。把長方形麵皮放在長方形奶油麵皮的中央 (9)。

· 將奶油麵皮的一頭向內折疊蓋住一半麵皮 (10)，另外一頭也向內折疊蓋住另外一半的麵皮 (11)。

· 然後，將反式千層酥的麵皮旋轉 90 度，擀開成長方形 (12)，厚度約為 8 公釐左右。

· 將反式千層酥麵皮的底邊向內（上）折疊到 ⅔ 處 (13)。

· 再將另外一頭（頂邊）的麵皮向內（下）折疊，邊緣與之前的底邊對齊 (14)。

· 然後再對半折疊，像折錢包一樣 (15 和 16)。

· 用保鮮膜包好麵皮，放入冰箱冷藏，靜置 2 小時 (17)。

9 將麵團擀成長方形麵皮。將奶油麵團也擀成長方形，大小為長方形麵皮的 2 倍。把長方形麵皮放在長方形奶油麵皮的中央。

10 將奶油麵皮從下往上折疊，蓋住一半麵皮。

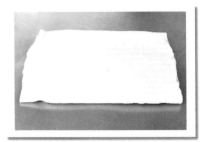

11 上頭的麵皮也向下折疊，蓋住另外一半的麵皮。

12 將麵皮旋轉 90 度，擀開成長方形，厚為 8 公釐左右。

13 然後，將麵皮底邊向上折疊到⅔處。

14 再將另外一頭（頂邊）的麵皮向下折疊，邊緣與之前的底邊對齊。

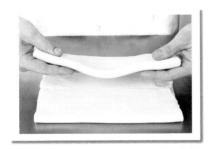

15 然後再對半折疊，像折錢包一樣。

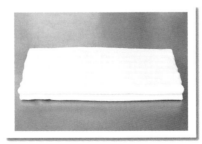

16 這就是折好的樣子。

17 用保鮮膜包好麵皮，放入冰箱冷藏，靜置 2 小時。

反式千層酥皮

Feuilletage inversé

- 將靜置好的麵皮從冰箱取出後，旋轉 90 度，擀開成長方形麵皮 (18)。

- 重複 12 ～ 17 的步驟，將麵皮疊成錢包狀。

- 用保鮮膜包好，再次放入冰箱冷藏，靜置 2 小時。

- 利用這段時間，準備製作內餡。

- 把奶油放入容器中，微加熱，使其呈膏狀即可。然後加入砂糖 (19)，用木勺拌勻 (20)。

- 再加入 2 個蛋 (21)，拌勻，然後倒入杏仁粉 (22)，繼續攪拌至滑膩 (23)。最後，（依個人喜好）加入慕斯琳奶油霜 (24)，拌勻。

- 調製好的內餡可置於常溫下，方便立即使用，或用保鮮膜包好，放入冰箱冷藏保存（1 ～ 2 天）。

- 再次將靜置好的反式千層酥麵皮從冰箱取出，旋轉 90 度，擀開成長方形麵皮。

- 這次將麵皮折平均疊成 3 層：從頂部將⅓的麵皮向內折疊，再從底部將⅓的麵皮向內折疊，蓋住第二層麵皮，稱為「折疊麵團」(25)。

- 完成這個步驟之後，就可以拿這塊反式千層酥麵皮，根據需要製作想要的產品了。

- 在此舉一個簡單的例子。

- 將反式千層酥麵皮擀成 2 ～ 3 公釐厚 (26) 的麵片，切成可以放置在直徑 24 公分塔模裡的大小。

- 剩餘的麵皮放在烘焙紙上，冷凍保存，要用時再取出即可。

- 在麵皮上輕輕撒上一層砂糖 (27)，用擀麵棍將砂糖擀入麵皮裡。

18 將靜置好的麵皮從冰箱取出後，旋轉 90 度，擀開成長方形麵皮。重複 12 ～ 17 的步驟，將麵皮疊成錢包狀。

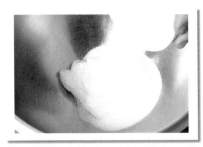

19 把奶油放入一個容器中，微加熱，使其呈膏狀。然後在裡面加入砂糖。

20 用木勺拌勻，呈奶油狀。

21 加入 2 個蛋，繼續攪拌。

22 加入杏仁粉。

23 用木勺拌勻。

24 最後，加入慕斯琳奶油霜，攪拌至滑膩。

25 將靜置好的反式千層酥麵皮旋轉 90 度，擀成 8 公釐厚的長方形麵皮。將其折疊成均勻的 3 層：將頂部 ⅓ 的麵皮向內折疊，再將底部 ⅓ 的麵皮向內折疊，蓋住第二層的麵皮。

26 將反式千層酥麵皮厚度約擀成厚度約 2 ～ 3 公釐的麵片，切成可以放置在塔模裡的大小。剩餘的麵皮冷凍保存。

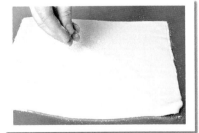

27 在麵皮上輕輕撒上一層砂糖，用擀麵棍將砂糖擀入麵皮裡。

反式千層酥皮
Feuilletage inversé

· 將烤箱預熱至 180°C。

· 在鋼圈塔模內側抹上一層奶油，然後放上麵皮 (28)，鋪滿鋼圈塔模底部和內壁周邊。

· 用擀麵棍在鋼圈塔模邊緣擀壓 (29)，去掉多餘的麵皮 (30)。

· 再將鋼圈塔模內壁的麵皮修平 (31)，將邊緣的麵皮用手捏出花邊 (32)。將其放在鋪了烘焙紙的烤盤上，然後準備水果。

· 蘋果去皮，切成 4 塊。桃子也同樣切 4 塊，但不用去皮。

· 用餐叉在塔皮底部戳些小孔，然後倒入 3 ～ 4 公釐厚的內餡，再均勻堆上蘋果、桃子和覆盆子 (33)。

· 放入烤箱，烤 25 ～ 30 分鐘。

28　把麵皮放在塗抹奶油的鋼圈
塔模裡，做一條邊。

29　用擀麵棍在鋼圈塔模頂部壓
一壓。

30　去除多餘的麵皮。

31　用手指修整邊緣的麵皮。

32　用手將高出鋼圈塔模邊緣的
麵皮捏成花邊。

33　用餐叉將塔皮底部戳些小孔，
然後倒入 3 公釐厚的內餡，表
面均勻堆放蘋果，桃和覆盆
子。放入 180°C 的烤箱內，
烤 25 ～ 30 分鐘。

PART

2

布里歐與
維也納甜麵包

製作布里歐
與維也納甜麵包

5 份基礎食譜

這個單元的內容都是用下面這 5 份基礎食譜變化出來的，我盡量將它們發揮到極限。

❶ 可頌麵團 La pâte à croissant（第 98 頁）

一種發酵脹發的麵團，稱作「千層」（feuilletée）派皮。

它是由兩部分組成：甜派皮和奶油。

原理和製作千層酥皮相同，即擀麵和折疊麵團，不過千層發酵麵團的步驟較少。

只要按此食譜實際做 1～2 次之後，就會發現它是獨一無二的。

一開始做的時候，不需要猶豫，多做幾個麵團，可以做出各種款式的麵包，如杏仁可頌、巧克力可頌、鳳梨麵包和香草眼鏡麵包。

❷ 丹麥麵包麵團 La pâte à danish（第 112 頁）

這種「分層」布里歐麵團，比可頌麵團更容易溶於口，但是不夠酥脆；在烤熟後能夠長時間保持柔軟的口感，生麵團更適合冷凍保存。

衍生出來的葡萄乾麵包，也可以使用可頌麵團來做。

❸ 牛奶麵包麵團 La pâte à pain au lait（第 122 頁）

這種麵團所含的卡路里比布里歐麵團少，做起來更容易，但是缺少了製作過程的樂趣。

將麵團擀開之前先靜置，盡量讓麵團有足夠的時間醒發。如果你家的廚房比較熱，可以將它放入冰箱冷凍一會兒。當然，這則食譜也可以用布里歐麵團的食譜替代。

衍生麵包品種：熱狗麵包、漢堡包、堅果三角麵包。

❹ **布里歐麵團** La pâte à brioche（第 132 頁）

這種麵團很油，它含有大量的奶油，也稱作奶油細麵包，因為它入口即化。

只要照著這些食譜一步步跟著做，就不會遇到困難。

不用擔心麵團揉多了（只要攪拌機放得下就好），以同樣的時間靜置麵團，醒麵，可以輕鬆做出各種麵包。

衍生麵包：辮子布里歐、核桃肉桂布里歐、瑞士布里歐、心形酥粒布里歐、蜂巢布里歐、粉色糖衣杏仁布里歐、油炸布里歐和砂糖布里歐。

❺ **咕咕霍夫麵團** La pâte à kouglof（第 128 頁）

這種麵團是以布里歐麵團為基礎，加入少許的魯邦種酵母。第一個優點是這種麵團很好做，只需要把所有材料倒入攪拌碗內，攪拌，和成麵團，這樣就等於做完了。第二個優點是這種麵團做出來的甜麵包與鹹麵包，一樣好吃。

重點工具

攪拌機　很容易操作，即便是完全用手做的食譜也可以用攪拌機。

餅乾模　可以讓做出來的麵團更有型。

烤盤　如果有好幾個烤盤是最理想的，如此一來一次就可以做更多的麵包。

各種不同的模具　蛋糕模、塔模、咕咕霍夫模具等；醒好的麵團可用於任何形狀的模具。

擀麵棍　中號即可。

刷子　用於布里歐等麵包表面上色。

尺　用於測量麵團厚度，以及按食譜檢查精確尺寸常用到的工具。

主要食材

麵粉

注意這裡的食譜指定使用 45 號和 55 號麵粉。麵粉相關資訊可在麵粉包裝袋上找到。一般商店最常見的是 45 號麵粉。如果找得到「專用」麵粉，就買這種麵粉，你會發現它做出來的產品效果不同。麵團會非常緊實，且可以縮短和麵的時間。45 號麵粉和成的麵團質地更緊實，更有彈性。在 55 號麵粉中加入 45 號麵粉混合攪拌，和出來的麵團更加柔軟。如果找不到 55 號麵粉，可使用 45 號麵粉。

糖

建議使用比冰糖更細的砂糖或糖粉。糖粉多用於裝飾。

奶油

奶油是經常使用的材料，但避免使用人造奶油。選購奶油，宜選較硬的奶油，你會發現操作起來更容易。

天然酵母（即新鮮酵母）

可以在烘焙坊或一些商店買到成包或按重量稱的酵母。用法很簡單，但是酵母的生命週期很短。將新鮮酵母放入小密封盒中，收進冰箱，最久可保存一週。避免使用乾酵母，它的味道和天然酵母不一樣，不過兩者的醒發過程和醒發時間幾乎是一樣的。你可考慮增加三分之一的酵母用量，並延長三分之一的醒發時間。

醒發麵團

在醒麵的準備過程中有許多步驟需要瞭解清楚。

製作麵團

將麵團所需的基礎材料混合，當然其中包括新鮮酵母，都要參照食譜步驟操作。

第一次發酵

麵團體積會膨脹 2 倍：室溫（20 ～ 30℃）靜置 1 ～ 1.5 小時，或放入冰箱冷藏 12 小時醒發，在使用前取出。拍扁麵團（或排氣）把脹發的麵團放在撒了一層薄薄麵粉的

工作檯面上，用手將麵團壓扁，麵團會還原到幾近原始麵團的大小。然後把麵團放入冰箱繼續醒發，直到使用前取出。

麵團成型

參照食譜，將醒發好的麵團揉成型。如果這時麵皮還在繼續發，需要用手將其輕輕拍扁排氣。

第二次發酵（或烤前發酵）

讓麵團在室溫（最理想的溫度是 25℃）下發好，可用也可不用保鮮膜覆蓋，視家中的濕度而定。從 22～30℃ 之間的室溫都可接受。麵團醒發時間因大小和溫度而異，最少需要 1.5 小時。麵團一定要充分發足，膨脹為原來的 2 倍，做出來的麵包效果最好。

刷蛋液上色及烘烤

麵團醒發成型後，用刷子蘸蛋液，在麵團表面刷上薄薄一層蛋液，然後放入已經預熱好的烤箱中。布里歐和維也納甜麵包的麵團最好是用旋風烤箱（或熱迴圈烤箱）烘焙，麵包才能夠烤得均勻。烤到一半，打開烤箱將烤盤調頭，可使麵包上色均勻，別猶豫。雖然食譜上都有標示烘焙的時間，過程中還是需要不時查看，真正需要的時間會因烤箱的情況而有不同。

製作和保存

可在前一晚準備麵團，放入冰箱保存，第二天再烤；如果是這樣，須用保鮮膜將麵團密封好。也可將麵團冷凍。不過這樣保存可能會殺死酵母，所以不要冷凍太久（最多 4～5 天）。

布里歐和維也納甜麵包的麵團可保存 2 天。但是麵團一旦烤成麵包，它的品質變壞的速度非常快（最多 24 小時）。所以，麵包烤好後應盡快食用。如果想要第二天食用，可以將麵包放入預熱至 160℃ 的烤箱，烤 5 分鐘。烤過的吐司麵包和布里歐，可以在從烤箱取出後冷凍，這樣可以保存 1～2 週。

這些食譜做出來的布里歐和維也納甜麵包，會帶給你不一樣的口感，你可以拿來當早餐吃……盡情享受吧！

奶油可頌
Croissants au beurre

· 將 2 種麵粉、砂糖、鹽、奶粉、回溫後的奶油和新鮮酵母放入攪拌碗內 (1)。

· 開動攪拌機，慢慢將冷水加入 (2)。以中速攪拌 6 分鐘，直到材料混合成均勻一致的麵團 (3)；和好的麵團應該有韌勁，很容易就可從不鏽鋼碗內壁取下 (4)。

· 把麵團放在撒了一層薄麵粉的工作檯上，用手將麵團按扁，呈長方形 (5)。

· 用保鮮膜包好 (6)，然後放入冰箱冷藏靜置至少 2 小時。

· 開始操作麵團前 10 分鐘，將包裹用的奶油冷凍。

· 麵團靜置充分後（用手指按，感覺很硬），將它放在撒了一層薄麵粉的工作檯上，擀成 7 ～ 8 公釐厚的長方形 (7)。

· 把冷奶油放到工作檯上；如果奶油太軟，可將它放在撒有薄麵粉的烘焙紙上，擀成長方形，大小為長方形麵皮的一半 (8)。

· 將擀成長方形奶油放在麵皮的下半部 (9)。

份量：15 ～ 20 個可頌或 1000g 麵團
準備時間：40 分鐘
麵團靜置時間：4 小時
麵包麵皮發酵時間：2 小時
烹調時間：12 ～ 15 分鐘

材料
55 號麵粉 350g
45 號麵粉 150g
或 45 號麵粉 500g（如果沒有 55 號麵粉）
砂糖 60g
奶粉 10g
鹽 2 小匙（或 12g）
奶油（室溫回軟）100g

新鮮酵母 25g
冷水 230ml
奶油（不需回軟，包裹用）250g

蛋液（上色用）
蛋 1 個
蛋黃 1 個

1 將 2 種麵粉、砂糖、奶粉、鹽、回溫後的奶油和新鮮酵母放入攪拌碗內。

2 慢慢加入冷水。

3 中速攪拌 6 分鐘，揉成麵團。

4 和好的麵團應該有韌勁，可以輕易從不鏽鋼碗內壁取下而不沾黏。

5 把麵團按扁，成長方形。

6 將麵團用保鮮膜包好，放入冰箱冷藏，靜置至少 2 個小時。

7 麵團經過靜置後，放在撒了一層薄薄麵粉的工作檯上，擀成約 7 公釐厚的長方形麵片。

8 把冷奶油放在工作檯上，擀成長方形，大小為長方形麵皮的一半。

9 將長方形的奶油放在麵皮的下半部。

99

奶油可頌

Croissants au beurre

- 把上半部的麵皮折過來蓋在奶油上面 (10)。奶油要完全蓋住 (11)。

- 將麵皮掉轉 90 度,讓封口朝右,再把麵皮擀長 (12)。

- 擀至麵片約 6 ～ 7 公釐厚。

- 把下半部麵皮向上折疊到 ⅔ 的位置 (13)。

- 再把上半部麵皮向下折疊,對齊下半部麵皮的邊緣處 (14 和 15)。

- 然後把這塊長方形麵皮對折 (16),同時用手輕輕地下壓,使麵皮表面平整光滑 (17)。

- 這時麵皮為 4 層 (18)。用保鮮膜包好,放入冰箱冷藏 1 小時。

- 當麵皮靜置充分後,將它放在撒有薄麵粉的工作檯上,麵皮方向與之前操作的方向一致,然後將它旋轉 90 度,封口處朝右。

- 再將麵皮擀成長方形,約 6 ～ 7 公釐厚 (19)。

10 把上半部的麵皮往下折，蓋在奶油上面。

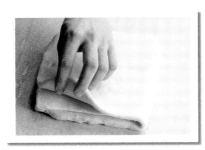

11 麵皮必須把奶油完全蓋住。

12 然後將麵皮掉轉90度，擀成大約6公釐厚的麵片。麵皮一直保持這個方向操作。

13 把下半部麵皮向上折疊到⅔位置。

14 再把上半部麵皮向下折疊，與之前下半部麵皮的邊緣處對齊。

15 中間不要留空隙。

16 把這張長方形麵皮對折。

17 用手把麵皮表面整平。

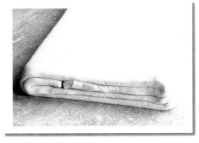

18 這時的麵皮為4層。用保鮮膜包裹好，放入冰箱冷藏1小時。

19 麵皮靜置過後取出，將其封口處朝右，擀成6公釐厚的長方形。

奶油可頌
Croissants au beurre

- 重複前面的步驟，將下面 ⅓ 的麵皮向上折疊 (20)，將上面 ⅓ 的麵皮向下折疊 (21)，形成一個長方形的 3 層麵皮。

- 用保鮮膜包好，放入冰箱再冷藏 1 小時 (22)。

- 麵皮靜置好後，將它放在撒有薄麵粉的工作檯上，將麵皮掉轉 90 度，擀成約 6 公釐厚長方形麵片 (23)。再朝左右兩邊把麵皮擀成 3 ～ 4 公釐厚的大正方形麵片 (24)。

- 橫向將麵片平均切成兩等分 (25)，這樣就有 2 塊同樣的長方形。

- 取鋒利的大刀將長方形麵片切成多個底邊為 5 公分的三角形麵片 (26)。

- 把這 2 塊麵片切完後，將切好的三角形麵片放入冰箱冷藏。

- 捲三角麵片：從三角麵片的底邊開始 (27) 向頂角的方向捲動 (28)。最後，捲好的可頌麵皮頂角部分應朝下 (29)，避免在烘烤過程中展開。

- 將做好的可頌麵皮整齊排在鋪好烘焙紙的烤盤上，麵皮間應留一定的間距。

- 靜置在一個溫度較高的空間（不能超過 30℃）內醒發 2 小時：直到麵皮體積膨脹為原來的 2 倍。

- 在麵皮完全醒發前 20 分鐘，打開烤箱，預熱至 180 ～ 190℃。

製作蛋液

- 準備蛋液（上色用）：把全蛋和蛋黃混合，攪拌均勻，拌成蛋液。

- 麵皮發好後 (30)，用刷子蘸上蛋液，輕輕刷在麵皮表面 (31)。

- 放入烤箱，烤 12 ～ 15 分鐘，隨時注意烤箱裡面的麵包顏色。

- 烤好放涼即可食。

Advice

- 可頌看似不好做，其實只要做過一次，就會發現頗簡單，成品會令你滿意。

- 可頌的麵皮做好，就可以將生麵皮冷凍保存。

- 麵團可多準備，可用於其他食譜（參考第 104 頁）。

20 把下面⅓的麵皮向上折疊。

21 將上面⅓的麵皮向下折疊，形成一個長方形的3層麵皮。

22 圖為折疊好的麵皮。將麵皮放入冰箱冷藏1小時。

23 將麵皮掉轉90度，擀成大約6公釐厚的長方形麵片。

24 同時，朝左右兩邊把麵皮擀成3～4公釐厚的大正方形麵片。

25 將正方形麵片一分為二。

26 用一把鋒利的大刀，將2塊長方形麵片切成多個底部為5公分的三角形麵片，放入冰箱冷藏。

27 從下面開始捲麵片。

28 往三角麵片頂角的方向捲動麵片。

29 捲好的可頌麵皮頂角部分要朝下放在鋪有烘焙紙的烤盤上，靜置在一個溫暖的空間醒發2小時。

30 圖為發好的可頌麵皮，體積膨脹至原來的2倍。

31 在麵皮表面輕輕刷上一層蛋液，放入180°C的烤箱，烤12～15分鐘。

杏仁可頌
Croissants aux amandes

· 參照第 98 頁的步驟 1 ～ 26 做好可頌麵皮後，把麵皮放入冰箱冷藏 10 分鐘。

· 利用這段時間，準備製作內餡：將糖粉、杏仁粉、苦杏仁糖漿、蛋黃和牛奶放在一起，攪拌均勻。

· 取 5 個三角形可頌麵皮放在工作檯上，將餡料放在距離三角麵皮底邊 1 公分的地方 (1)。

· 把 2 個底角向內折疊包住內餡 (2)，呈襯衫領的形狀。

· 用手指將麵皮頂端的領子口向下壓，把口封住 (3)：需將內餡完全包住 (4)。

· 然後從麵皮底部向上捲 (5)，一邊捲一邊推 (6 和 7)。

· 捲好的杏仁可頌麵皮頂角部分要朝下放 (8) 在鋪好烘焙紙的烤盤上。

· 重複上面步驟，做 20 個杏仁可頌麵皮。

· 靜置於室溫下，醒發 2 小時。

製作糖漿

· 將水和砂糖一起煮開，放涼後加入橙花水即可。

· 在麵皮醒好前 20 分鐘，打開烤箱，預熱至 180°C。

· 把全蛋和蛋黃混合，拌勻成蛋液。

· 麵皮發好後，用刷子蘸上蛋液，輕輕刷在麵皮表面，再撒上杏仁片 (9)。放入烤箱，烤 12 ～ 15 分鐘。

· 杏仁可頌麵包出爐後，表面刷上薄薄一層橙花糖漿 (10)。放涼即可食。

份量：20 個
準備時間：10 分鐘＋製作可頌麵皮時間
麵包麵皮發酵時間：2 小時
烹調時間：12 ～ 15 分鐘

材料
三角形可頌麵皮 20 片〔參照第 98 頁〕

內餡及收尾
糖粉 75g
杏仁粉 150g
苦杏仁糖漿 5 滴
蛋黃 1 個
牛奶 2 大匙
杏仁片 50g

糖漿
砂糖 50g
水 50ml
橙花水 1 大匙

蛋液（上色用）
蛋 1 個
蛋黃 1 個

1 將餡料放在距離三角麵皮底邊 1 公分的地方。

2 把 2 個底角向內折疊包住內餡。

3 把口封住。

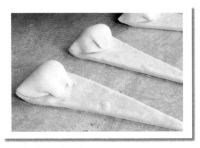
4 必須完全看不到餡。

5 從麵皮底部向上捲。

6 一邊捲一邊向前推。

7 動作要輕。

8 捲好的杏仁可頌麵皮頂角部分要朝下放在鋪有烘焙紙的烤盤上。在室溫下靜置約 2 個小時醒發。

9 用刷子蘸上蛋液，輕輕刷在麵皮表面，再撒上杏仁片。放入 180°C 的烤箱中，烤 12 ～ 15 分鐘。

10 從烤箱取出杏仁可頌，表面刷上一層薄薄的橙花糖漿。

鳳梨麵包

Carrés à l'ananas

· 參照第 98 頁步驟 1 ～ 23 做出可頌的麵皮後，放入冰箱冷藏 1 小時。

· 在工作檯上撒一層薄麵粉，放上麵皮，擀成 3 公釐厚的麵片 (1)，同時維持長方形。

· 將麵片切割成 7×7 公分的正方形麵片 (2)，整齊排放在鋪好烘焙紙的烤盤上。無需覆蓋，室溫下靜置 2 小時。

· 在麵片發酵這段期間，參照第 146 頁步驟 1 ～ 3 做卡士達醬。把做好的卡士達醬放入冰箱冷藏。

· 鳳梨去皮，縱向切成 3 份，去掉中間的硬心。橫向切成 3 公釐厚的鳳梨片。

· 將紅砂糖放入煎鍋內，中火加熱，直到融化變成焦糖。

· 加入奶油和鳳梨片 (3)。煮 2 ～ 3 分鐘，直到鳳梨片表面沾滿焦糖。放在室溫下，備用。

· 在卡士達醬中加入 30g 椰子粉，攪拌均勻 (4)。

· 將砂糖和水一起放入鍋中，中火加熱，煮開後放涼，即為糖漿。把全蛋和蛋黃混合，打勻。

· 烤箱預熱至 180°C。

· 當方形麵片發好後，在表面刷上一層蛋液 (5)。

· 用擠花袋或是直接用小勺，將椰蓉卡士達醬擠在方形麵片中央 (6)。

· 放上 3 塊鳳梨片 (7 和 8)，入烤箱烤 12 ～ 15 分鐘。

· 鳳梨麵包烤好上色後，從烤箱取出，表面刷上糖漿 (9)。

· 在鳳梨麵包的邊上撒些椰子粉 (10)。

Advice

· 可用各種水果代替鳳梨，如梨、櫻桃、桃或個人偏愛的水果。

份量：10 個
準備時間：20 分鐘＋製作可頌麵皮的
　　　　　時間
麵皮靜置時間：1 小時
麵皮發酵時間：2 小時
烹調時間：12 ～ 15 分鐘

材料
可頌麵皮 500g（參照第 98 頁）
卡士達醬 250g（參照第 146 頁）
鳳梨 ½ 個或糖漬鳳梨（去糖水）500g

紅砂糖 10g
奶油 10g
椰子粉 40g
砂糖 50g
水 50ml

蛋液（上色用）
蛋 1 個
蛋黃 1 個

1　在工作檯上撒一層薄薄的麵
　粉，放上麵皮，擀成 3 公釐厚
　的麵片。

2　將麵片切割成 7×7 公分的正
　方形麵片，整齊排放在鋪有烘
　焙紙的烤盤上。室溫下靜置醒
　發 2 小時。

3　紅砂糖加熱融化變成焦糖後，
　加入奶油和鳳梨片。

4　在卡士達醬中加入 30g 椰子
　粉，攪拌均勻。

5　方形麵片發好後，在表面刷上
　一層蛋液。

6　使用擠花袋或直接使用小勺，
　將椰蓉卡士達醬擠在方形麵片
　中央。

7　在椰蓉卡士達醬上面放 3 塊鳳
　梨片。

8　圖為做好的樣子。放入 180℃
　的烤箱內，烤 12 ～ 15 分鐘。

9　當鳳梨麵包烤上色後，從烤箱
　取出，在表面刷上糖漿。

10　將預留的 10g 椰子粉撒在鳳梨
　麵包的邊上。

巧克力麵包
Pains au chocolat

· 參照第 98 頁步驟 1 ～ 23 做好可頌麵包麵皮，放在鋪有薄麵粉的工作檯上，擀成 3 ～ 4 公釐，約 25×33 公分的長方形 (1)。

· 再縱向將麵片一分為二 (2)，切成 2 片 12×33 公分的長方形麵片（麵片會微縮）。

· 然後比照巧克力棒的長度，橫向將 2 片長方形麵片均分成 4 片 (3)。

· 如此可以分割出 8 片 8×12 公分大小的長方形麵片。

· 將 1 根巧克力棒放在 1 張小長方形麵片上，距離頂端約 1.5 公分處 (4)，然後將頂端麵片向內折疊包住巧克力棒 (5)。

· 接著在折疊處放上第二根巧克力棒 (6)，再繼續捲動麵片 (7)。

· 直到把剩餘部分的麵片捲好，呈巧克力麵包的形狀 (8)。

· 注意封口的部位一定要朝下 (9)，可以避免麵皮在烘烤過程中展開。

· 將捲好的巧克力麵包麵皮排放在鋪有烘焙紙的烤盤上，麵皮與麵皮間隔一定的距離。表面用保鮮膜封好，避免表皮乾裂，室溫下靜置 2.5 小時發酵。

· 在麵皮發好前 20 分鐘，將旋風烤箱預熱至 190°C。

· 準備蛋液（上色用）：把全蛋和蛋黃混合，加入一小撮鹽，打勻。

· 用刷子蘸上蛋液，刷在巧克力麵包麵皮表面 (10)，放入烤箱，烤 12 ～ 15 分鐘。

· 烤到一半，可將烤盤掉頭，巧克力麵包上色才會均勻。

Advice

· 如果在麵包店買不到 16 根巧克力棒，也可以用含 55% 可可的板塊黑巧克力代替。這份可頌麵包麵皮可做出 16 個巧克力麵包。

份量：8 個
準備時間：20 分鐘＋製作可頌
　　　　　麵皮的時間
麵皮發酵時間：2～3 小時
烹調時間：12～15 分鐘

材料
可頌麵皮 500g（參照第
98 頁）
巧克力麵包專用巧克力棒
（麵包店有售）16 根或
板狀巧克力 2 塊

蛋液（上色用）
蛋 1 個
鹽 1 撮

1　將可頌麵皮擀成 3～4 公釐厚，
　　約 25×33 公分的長方形。

2　縱向將麵片對切，切成 2 片
　　12×33 公分的長方形麵片。

3　橫向將 2 片長方形麵片比照巧
　　克力棒的長度均分成 4 片。

4　在小長方形麵片距離頂端約
　　1.5 公分處放 1 根巧克力棒。

5　然後將頂端的麵片向內折疊包
　　裹住巧克力棒。

6　接著，在折疊處放上第二根巧
　　克力棒。

7　繼續捲動麵片，注意不要弄破
　　麵片。

8　直到把剩餘部分的麵片捲好。

9　注意，封口部位朝下，將麵片
　　捲排放在鋪了烘焙紙的烤盤
　　上。表面用保鮮膜封好，避免
　　表皮乾裂，室溫下放置 2.5 小
　　時發酵。

10　用刷子蘸上蛋液，刷在巧克力
　　麵包麵皮表面。放入 190℃ 烤
　　箱內，烤 12～15 分鐘。

香草眼鏡麵包
Lunettes à la vanille

- 參照第 98 頁步驟 1 ～ 23 做出可頌麵皮，放入冰箱，冷藏 1 小時，讓麵皮完全變冷。

- 將可頌麵皮放在撒有一層薄麵粉的工作檯上，用擀麵棍擀成 3 ～ 4 公釐厚的麵片 (1)。

- 用刀將麵片縱向切成 1.5 公分寬的長條 (2)。

- 把所有切好的麵條放入冰箱冷藏後，再將每條麵片扭成花飾狀 (3)。

- 把兩頭搓在中間，形成一個結 (4)，放在麵圈底下，兩邊各圍出一個圓圈，做出眼鏡的形狀 (5)。

- 眼鏡的麵圈花飾一定要扭漂亮 (6)。

- 將一個個眼鏡麵皮排放在鋪有烘焙紙的烤盤上，麵皮之間保留一定的間距。

- 表面封上保鮮膜，避免眼鏡麵皮變乾變硬。室溫下靜置 2 小時發酵。

- 利用這段時間，準備卡士達醬，參照第 146 頁步驟 1 ～ 3 操作，做好後放入冰箱冷藏。

- 在麵皮醒發前 20 分鐘，把烤箱預熱至 180°C。

- 眼鏡麵皮發好後 (7)，在表面刷上蛋液 (8)。

- 利用擠花袋（或直接用一把小勺），將卡士達醬擠在眼鏡圈內 (9)。

- 放入烤箱，烤 12 ～ 15 分鐘。

- 利用這段時間，將糖粉和櫻桃酒混合，攪拌均勻。待香草眼鏡麵包出爐後，將混合液均勻刷在麵包表面 (10)。

- 放涼後即可食用。

Advice

- 可用水代替櫻桃酒，讓孩子抹香草醬吃。

份量：約 15 個
準備時間：25 分鐘＋製作可頌麵皮的
　　　　　時間
麵皮靜置時間：1 小時
麵皮發酵時間：2 小時
烹調時間：12 ～ 15 分鐘

材料
可頌麵皮 500g（參照第 98 頁）
卡士達醬 200g（參照 146 頁）

蛋液（上色用）
蛋 1 個
蛋黃 1 個

收尾
糖粉 100g
櫻桃酒 25ml

1　將可頌麵包麵皮放在撒有薄麵粉的工作檯上，用擀麵棍擀成 3 ～ 4 公釐厚的麵片。

2　用刀將麵片縱向切成 1.5 公分寬的長條，然後放冰箱冷藏。

3　將每條麵片扭成花飾狀。

4　把麵條兩頭搓在一起，形成一個結。

5　將這兩個頭放在麵圈底下，使兩邊各成一個圓圈。

6　做出眼鏡的形狀後，將它排放在鋪有烘焙紙的烤盤上。室溫下靜置 2 小時發酵。

7　圖為發好的眼鏡麵皮。

8　表面刷上蛋液。

9　將卡士達醬擠在眼鏡圈內。放入 180°C 的烤箱，烤 12 ～ 15 分鐘。

10　香草眼鏡麵包出爐後，將混合好的糖粉和櫻桃酒刷在麵包的表面。

丹麥麵包
Danish

· 將麵粉、砂糖、鹽、奶粉和新鮮酵母,全部放入一個大容器內,然後加入蛋和水 (1)。

· 用力揉麵 (2),和成質地緊實的麵團。

· 加入奶油塊 (3),繼續揉,直到奶油與麵團混合均勻 (4)。

· 和好的麵團表面光滑、柔軟而有韌性 (5)。用保鮮膜包好,放入冰箱冷藏至少 1.5 小時。

· 在麵團靜置期間,準備內餡。

· 將糖粉和杏仁粉倒入一個容器內,加入牛奶和蛋黃 (6),拌成濃稠的杏仁糊 (7),當作內餡。

· 在麵團醒發好前 10 分鐘,將 250g 包裹用的奶油放入冰箱冷凍。

· 把麵團放在撒有薄麵粉的工作檯上,擀成 6 公釐厚的長方形 (8)。再把冷凍的奶油放在撒有薄麵粉的工作檯上,擀成長方形,大小為麵片的一半 (9)。

份量：約 20 個丹麥麵包或 950g 麵團
準備時間：40 分鐘
麵皮靜置時間：3 小時
麵皮發酵時間：2 小時
烹調時間：12 ～ 15 分鐘

材料
麵團
45 號麵粉 375g
砂糖 25g
鹽 2 小匙（或 8g）
奶粉 15g

新鮮酵母 25g
大雞蛋 1 個
水 115ml
奶油塊（軟化而不需
融化）40g
＋奶油（包裹用）250g

內餡
糖粉 75g
杏仁粉 150g
牛奶 2 大匙
蛋黃 2 個

收尾
砂糖 2 大匙
奶油 20g
黃蘋果 5 個
覆盆子 20 個

糖漿
砂糖 50g
水 50ml

蛋液（上色用）
蛋 1 個
蛋黃 1 個

1 將麵粉、砂糖、鹽、奶粉和新鮮酵母放入一個大容器內，然後加入蛋和水。

2 用手攪拌所有材料。

3 全部材料和成緊實的麵團後，加入奶油塊。

4 繼續用手揉麵團。

5 和好的麵團表面光滑、柔軟而有韌性。用保鮮膜包好，放入冰箱冷藏至少 1.5 小時。

6 將糖粉和杏仁粉倒入一個容器內，加入牛奶和 2 個蛋黃。

7 用勺子將混合物攪拌成濃稠的杏仁糊，當作內餡。

8 把麵團放在撒有薄麵粉的工作檯上，擀成 6 公釐厚的長方形麵片。

9 把冷凍的奶油擀成只有麵片一半大小的長方形。

113

丹麥麵包
Danish

- 如果奶油過軟，可以放在撒有薄麵粉的烘焙紙上再擀。

- 將奶油片放在長方形麵片的下半部上 (10)，用手指將奶油片的邊緣與麵片邊緣按壓在一起。

- 把麵片的上半部折疊，蓋住奶油片 (11 和 12)，要將奶油片完全蓋住 (13)。

- 將麵皮旋轉 90 度，讓封口處朝右，然後把麵皮擀長，注意方向，保持縱向擀 (14)。擀到麵皮約 6 ～ 7 公釐厚即可。

- 用手拿起麵皮的下半部，向上折疊，折到麵皮的 ⅔ 處 (15)。

- 再將上部的麵皮往下折疊，使得上部頂邊與之前的底邊對接 (16)。

- 然後將整個長方形麵皮對折 (17)，變成一塊 4 層的麵皮。用保鮮膜包好，放入冰箱冷藏 35 分鐘。

- 麵皮充分靜置後，縱向放在撒有薄麵粉的工作檯上，斷層封口處朝右。

- 擀成 6 ～ 7 公釐厚的麵片 (18)。底部麵片往上折疊⅓ (19)，然後上部麵片向下折疊⅓ (20)，變成一塊 3 層的麵皮。

- 用保鮮膜包好，放入冰箱冷藏 1 小時。

- 麵皮發好後，平均切成 2 塊，比較容易操作。

- 將每塊麵皮擀成 3 ～ 4 公釐厚 (21)、16 公分長的長方形。

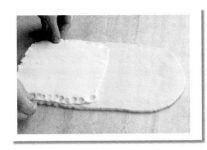

10　將奶油片放長方形麵片的下半部，用手指將奶油片的邊緣與麵片邊緣按壓在一起。

11　拿起麵片的上半部折疊。

12　蓋住奶油片。

13　必須完全將奶油覆蓋。

14　將麵皮旋轉 90 度，縱向擀長，擀到約 6～7 公釐厚即可。

15　拿起麵皮的下半部向上折疊，折到位於整體麵皮的 ⅔ 處。

16　將上部的麵皮向下折疊，使上部的頂邊與之前的底邊對接。

17　然後將整個長方形麵皮對折，變成一塊 4 層的麵皮。放入冰箱冷藏 35 分鐘。

18　將麵皮從冰箱取出，旋轉 90 度，擀成 6～7 公釐厚的長方形麵片。

19　底部麵片向上折疊⅓。

20　上部麵片向下折疊⅓。放冰箱冷藏 1 小時。

21　麵皮充分靜置後，再均切 2 塊，每塊麵皮擀成 3～4 公釐厚、16 公分長的長方形。

丹麥麵包

Danish

- 麵片縱向對切 (22)，切成 2 片 8 公分寬的麵片。

- 再用一把鋒利的刀將 2 片麵片一起橫向切成 8 公分寬的正方形麵片 (23)。

- 然後，用一把小勺，舀一大球內餡，放在每個正方形麵片的中央 (24)。

- 抓起正方形麵片的一個角向中央內餡折疊 (25)，再把對角也向中央內餡折疊 (26)，然後用同樣的方式，將剩餘的 2 個對角也向中央內餡折疊，同時用手指往下輕按 (27)。

- 這樣就做成一個四角敞開的方形麵皮 (28)。

- 將它排放在鋪有烘焙紙的烤盤上，注意保持一定的間距。靜置室溫下 2 小時發酵。

收尾

- 把砂糖放入鍋中，加熱。當砂糖轉變為焦糖時，加入奶油。

- 蘋果先去皮、去核、切塊，放入鍋中，再放覆盆子 (29)。然後加入 2 大匙水，小火熬 3 ～ 4 分鐘，直到蘋果變成紅色 (30)。

- 離火，置室溫下備用。

- 準備糖漿：只要將 50g 的砂糖與水混合，簡單煮開即可。

- 在麵皮發好前 20 分鐘，打開烤箱，預熱至 180°C 熱。

- 準備蛋液（上色用）：把全蛋和蛋黃混合，打勻即可。用刷子蘸上蛋液，輕輕刷在丹麥麵包麵皮表面 (31)。

- 把煮好的蘋果塊一塊塊分別放在每個麵皮中央 (32)，再把麵皮放入烤箱，烤 12 ～ 15 分鐘。

- 烤熟後，從烤箱取出，在每個丹麥麵包表面刷上一層糖漿 (33)。

Advice

- 麵皮可提前做好，冷凍保存，直到要做時再拿出來醒發。內餡可用水果乾、桃子或個人偏愛的水果。

22 將麵片縱向對切成 2 片。

23 將 2 片麵片一起橫向切成 8 公分寬的正方形麵片。

24 舀一大球內餡,放在每個正方形麵片的中央。

25 抓起正方形麵片的一個角向中央內餡折疊。

26 再把對角拿起,也向中央內餡折疊。

27 然後將另外 2 個對角同樣往中央內餡折疊,同時用手指向下輕按。

28 這樣就做成一個四角敞開的方形麵皮。一個個排放在鋪有烘焙紙的烤盤上。靜置室溫下 2 小時發酵。

29 砂糖放入鍋中,加熱。當砂糖變為焦糖時,加入奶油、蘋果塊和覆盆子。

30 然後加入 2 大匙水,小火煮幾分鐘。

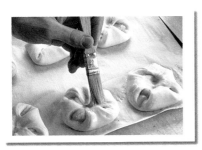

31 當丹麥麵包麵皮發好後,在表面刷上蛋液。

32 再把煮好的蘋果塊分別放在每個丹麥麵包麵皮中央。

33 丹麥麵包烤熟後,從烤箱取出。在每個麵包表面刷上一層糖漿,表面才會光鮮明亮。

葡萄乾核桃丹麥麵包
Escargots aux raisins et noix

- 參照第 112 頁步驟 1 ~ 20 做出丹麥麵包麵皮（無需製作杏仁內餡），放入冰箱，冷藏靜置 1 小時。

- 利用這段時間做卡士達醬（參照第 146 頁步驟 1 ~ 3），然後放入冰箱，冷藏備用。

- 將丹麥麵包麵團取出，放在撒有薄麵粉的工作檯上 (1)，擀成大約 4 公釐厚的長方形麵片 (2)。

- 用勺子將卡士達醬分別舀到麵皮上 (3)，然後用抹刀抹平 (4)，選一個長邊，距離邊緣 1.5 公分處，不要抹卡士達醬 (5)。

- 將黑色葡萄乾和金色葡萄乾，以及核桃仁碎混合均勻，撒在卡士達醬上 (6)。

- 用擀麵棍在上面輕輕擀一下，分散與固定乾果餡料 (7)。

- 刷子蘸上水，在沒有餡料處的那一邊麵皮輕輕刷一層 (8)，便於將封口黏起來。

份量：12 ～ 15 個

準備時間：25 分鐘＋製作丹麥麵包麵
皮時間

麵皮靜置時間：1.5 小時

麵皮發酵時間：2.5 小時

烹調時間：12 ～ 15 分鐘

材料

丹麥麵包麵皮 425g
（參照第 112 頁）

卡士達醬 200g

黑色葡萄乾 50g

金色葡萄乾 50g

核桃仁碎 50g

上色及收尾

砂糖 50g

水 50ml

橙花水 1 大匙

蛋 1 個

蛋黃 1 個

1　將丹麥麵包麵皮放在撒有薄麵粉的工作檯上擀開。

2　擀成約 4 公釐厚的長方形。

3　用勺子舀取卡士達醬，分攤在麵皮表面。

4　然後用抹刀抹平。

5　注意，選一個長邊，距離麵皮邊緣 1.5 公分處，不要抹卡士達醬。

6　把黑色葡萄乾和金色葡萄乾，以及核桃仁碎混合均勻，撒在卡士達醬上。

7　利用擀麵棍，在上面輕輕擀一下，固定住乾果餡料。

8　用刷子蘸上水，在沒有餡料的長邊麵皮輕輕刷上一層，便於沾黏封口。

葡萄乾核桃丹麥麵包
Escargots aux raisins et noix

- 從沒有餡料的長邊對面，將麵皮向內折疊 1 公分，作為整個丹麥捲的中心 (9 和 10)。

- 朝自己的方向捲動麵皮 (11)，一邊捲一邊壓緊 (12)。捲到刷過水的麵皮邊緣時，把口黏緊 (13)。

- 把捲好的麵皮捲放在砧板上，放入冰箱冷凍 30 分鐘，使其略微變硬即可。

- 用鋸齒刀來回切 (14)，把麵皮捲切成 2 公分寬的塊狀 (15)。

- 然後一塊塊放在鋪好烘焙紙的烤盤上，每一塊之間留有一定的距離，如果一個烤盤不夠，可多用一個烤盤盛裝。

- 表面覆蓋保鮮膜，室溫發酵 2.5 小時。

- 利用這段時間，製作糖漿：將砂糖和水放入鍋中，中火煮開即可。

- 放涼後，加入橙花水。

- 準備蛋液（上色用）：把全蛋和蛋黃混合，簡單打幾下即可。

- 在麵皮醒好前 20 分鐘，打開烤箱，預熱至 180°C。

- 麵皮充分發酵後 (16)，封口處有可能會脹開。如有這種情況，須將開口處的麵頭放到麵皮底下壓好 (17)。再用刷子蘸上蛋液，刷在表面 (18)，放入烤箱，烤 12 ～ 15 分鐘。

- 麵包烤熟後，從烤箱取出，表面刷上糖漿 (19)。

- 放涼後即可食用。

Advice

- 麵團可以多做點，做成麵皮捲，切好後，就冷凍起來。要用時，事先從冰箱取出，充分靜置醒發。

9 在含有餡料的麵皮長邊處,把麵皮向內折疊。

10 折疊好後即可當作整個麵包捲的中心。

11 然後開始朝自己的方向慢慢地捲動麵皮。

12 盡量捲緊一點。

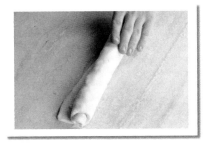

13 捲到刷過水的麵皮邊緣時,把口黏緊。麵皮放入冰箱冷凍30分鐘。

14 用鋸齒刀來回切割麵皮捲。

15 把麵皮捲切成2公分寬的塊狀。放到鋪有烘焙紙的烤盤上,表面蓋上保鮮膜,室溫靜置2.5小時發酵。

16 當麵皮充分發好後,封口處可能會脹開。

17 將開口處的麵頭放到麵皮底下壓好。

18 表面刷上蛋液。放入180°C的烤箱內,烤12～15分鐘。

19 麵包烤熟後,從烤箱取出,表面刷上糖漿,放涼即可。

漢堡牛奶麵包
Pain au lait hamburger

· 將酵母放入一個容器內，加入牛奶 (1)，用鏟子攪拌，拌到酵母完全溶解。

· 然後倒入麵粉，加入砂糖、鹽 (2) 和蛋 (3)。

· 用鏟子攪拌 (4)1 ～ 2 分鐘，逐漸和成緊實的麵團 (5 和 6)。

· 把奶油加入麵團中 (7)，用手揉到麵團裡 (8)。

· 繼續用手或鏟子用力攪拌 5 ～ 6 分鐘 (9)。

份量：20 個漢堡牛奶麵包或
　　　500g 麵團
準備時間：30 分鐘
麵團發酵時間：3 小時
麵團靜置時間：2 小時
烹調時間：8 ～ 10 分鐘

材料
酵母 10g
牛奶 115ml
45 號麵粉 250g
砂糖 30g
鹽 1 小匙
蛋 1 個
奶油（室溫回軟）115g

上色及收尾
全蛋 1 個＋蛋黃 1 個
鹽 1 撮
芝麻 20g
新鮮覆盆子 1 小盒
草莓 10 個
紅莓果果醬 1 大匙

1 將酵母放入一個容器內，再加入牛奶，攪拌均勻。

2 再倒入麵粉、砂糖和鹽。

3 然後加入蛋。

4 用鏟子攪拌。

5 直到和成緊實的麵團。

6 圖為和好的麵團。

7 在麵團中加入奶油。

8 用手將奶油揉到麵團裡。

9 繼續用手使勁揉麵團 5 ～ 6 分鐘，直到麵團不會黏在容器內壁上。

漢堡牛奶麵包
Pain au lait hamburger

- 和好的麵團表面光滑，均勻一致，不沾黏容器內壁 (10)。將其放在容器內 (11) 室溫（理想溫度為 25°C）醒發 1 小時。

- 待麵團體積膨脹至之前的 2 倍後，將它放在撒了薄麵粉的工作檯上 (12)。用手將麵團按扁，排出裡面的氣體 (13)。

- 將麵團整成長方形，用保鮮膜包好，放入冰箱冷藏 2 小時。

- 取出麵團，放在撒有薄麵粉的工作檯上 (14)，擀成 1 公分厚的麵片。

- 用一個直徑為 6 公分的圓形餅乾模（您也可以利用玻璃杯和一把銳利的小刀），將長方形麵片切割成幾個圓形小麵片 (15)。

- 把這些圓形小麵片排放在鋪好烘焙紙的烤盤上 (16)，表面蓋上一層保鮮膜，避免乾燥。置於室溫下發酵 2 小時。

- 在圓形小麵片醒發前 20 分鐘，打開烤箱，預熱至 180°C。

- 把全蛋、蛋黃和 1 撮鹽混合，用叉子攪拌均勻。待圓形小麵片充分發好後，把蛋液刷在表面 (17)，然後撒上芝麻 (18)。

- 放入烤箱，烤 8 ～ 10 分鐘。烤好後，將麵包放在不鏽鋼涼架上冷卻 (19)。

- 這些麵包可以直接拿來吃，也可以完全放涼後，橫向片成 2 塊，就像漢堡一樣，在中間抹上果醬，放些切好的草莓和覆盆子。

Advice

- 麵包可以做大一點，就成了漢堡包。如果一開始就打算這麼做，麵片就應擀為 2 公分厚。

- 如果採用多功能攪拌機和麵，還是可以參照上述步驟操作。

- 如果圓形小麵片發得不夠好，可以把麵團做成小球形，發酵 2 小時，再放入 180°C 的烤箱中，烤 10 ～ 15 分鐘。

10 和好的麵團表面光滑、均勻，而有韌性。

11 置於室溫下發酵 1 小時。

12 待麵團體積膨脹至之前的兩倍後，將它放在撒了薄麵粉的工作檯上。

13 用手將麵團按扁，排出裡面的氣體。再將麵團整成長方形，用保鮮膜包好，放入冰箱冷藏，靜置 2 小時。

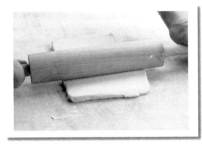

14 麵團靜置醒發後，放到撒好薄麵粉的工作檯上，擀成約 1 公分厚的麵片。

15 利用圓形餅乾模，在長方形麵片上切割出多個直徑為 6 公分的圓形小麵片。

16 把這些小圓形麵片排放在鋪好烘焙紙的烤盤上，室溫下發酵 2 小時。

17 待小圓麵片充分發好後，把蛋液（蛋黃＋鹽）刷在表面。

18 然後撒上芝麻。

19 圖為做好的漢堡牛奶麵包麵皮。放入 180°C 的烤箱內，烤 8 ～ 10 分鐘。烤熟後，夾入各種紅色漿果即可食用。

梭子牛奶麵包
Pain au lait navettes

- 參照第 122 頁步驟 1 ～ 11 做出牛奶麵包麵團，在室溫下發酵 1 小時。

- 將麵團放在撒了薄麵粉的工作檯上。用手將麵團整成長方形。

- 用保鮮膜包好，放入冰箱冷藏，靜置 1 小時。

- 麵團變硬後，切八等分 (1)，每個小長方形的麵團重約 30g。放入冰箱冷藏 10 分鐘。

- 注意，從冰箱取出麵團的時候，要一塊塊拿出來。

- 把一小塊長方形的麵團放在薄麵粉裡，輕輕按扁 (2)。將長的一邊向中央折疊 (3)，同樣再將另外一長邊也向中央折疊 (4)。

- 把這 2 個長邊折疊封口，做成一根表面光滑的圓柱 (5)。

- 然後放入冰箱冷藏，再依次從冰箱取出剩下的 7 塊麵團，逐個做成圓柱。

- 8 個長方形的小麵團都做成圓柱後，從冰箱拿出第一塊圓柱麵團放在工作檯上 (6)，搓成 8 ～ 10 公分長 (7)。

- 將搓好的麵團放到鋪好烘焙紙的烤盤上，注意接縫處要朝下放置，依此方法將剩餘的圓柱麵團搓成一條條，一條條排好，每條之間保留足夠的距離。

- 蓋上保鮮膜，避免乾燥。靜置約 2.5 小時發酵。

- 在柱狀麵皮發好前 20 分鐘，把烤箱預熱至 180°C。準備蛋液（上色用），將全蛋和蛋黃放在一起，打勻。

- 用刷子蘸上蛋液，輕輕刷在柱狀麵皮表面 (8)。

- 你也可以拿出剪刀，刀尖蘸上冷水 (9)（等一下才不會黏剪刀），在麵皮表面剪出小尖 (10)。

- 將麵皮放入烤箱，烤 8 分鐘，隨時觀察爐內情況。將烤好的梭子牛奶麵包從烤箱取出，放涼後可直接吃或夾餡吃。

Advice

- 這份食譜用了 250g 的牛奶麵包麵團，你也可以做 500g 的牛奶麵包麵團，一半拿來做漢堡牛奶麵包，另一半做堅果三角麵包（參照第 138 頁）。

份量：10 幾個

準備時間：20 分鐘＋牛奶麵
　　　　　包麵團製作時間

麵團靜置時間：30 分鐘＋麵
　　　　　　　團放置時間

麵團醒發時間：2.5 小時

烹調時間：8 分鐘

材料

牛奶麵包麵團 250g
（參照第 122 頁）

蛋液（上色用）
蛋 1 個
蛋黃 1 個

1　將做好的牛奶麵包麵團靜置，
　　然後切八等分，每塊小長方形
　　的麵團約 30g。再放入冰箱冷
　　藏 10 分鐘。

2　注意，先從冰箱取出一塊麵
　　團，做完再取出另外一塊。把
　　一小塊長方形麵團放在薄麵粉
　　裡，輕輕按扁。

3　長的一邊向中央折疊。

4　把另一個長邊也向中央折疊。

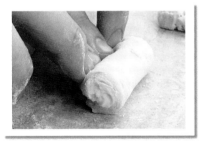

5　把折疊好的 2 個長邊重新折疊
　　好封口，做成一根表面光滑的
　　圓柱。然後放冰箱冷藏，再按
　　此方法，依次將冰箱內剩下的
　　7 塊麵團逐個做成圓柱。

6　從冰箱拿出第一塊圓柱麵團放
　　在工作檯上，用手指將它搓成
　　長條。

7　搓成 8 ～ 10 公分長，放在鋪
　　好烘焙紙的烤盤上，覆蓋保鮮
　　膜，靜置約 2.5 小時發酵。

8　待圓柱麵皮發好後，在表面刷
　　上一層蛋液。

9　在剪刀尖蘸上冷水。

10　在麵皮表面剪出小尖。將這些
　　麵皮放入 180℃ 的烤箱，烤 8
　　分鐘。

葡萄乾咕咕霍夫
Kouglof sucré aux raisins

· 將葡萄乾放入一個容器內，加入黑蘭姆 (1)，室溫下浸漬，利用這段時間製作咕咕霍夫麵團。

· 準備魯邦種：將酵母和水一起倒入攪拌碗內 (2)，然後加入 50g 麵粉攪拌 (3)，和成緊實的麵團 (4)。

· 再倒入 225g 麵粉，蓋在魯邦種麵團表面 (5)，放到溫熱處，發酵 30 分鐘。

· 趁這個時候，用刷子在模具內壁刷上薄薄一層融化的奶油 (6)。

· 然後將杏仁片倒入模具底部 (7)，轉動模具，倒出多餘的杏仁片。

· 魯邦種麵團充分發好 (8)，加入蛋、牛奶、糖、鹽和回溫後的奶油，放入攪拌機的攪拌碗內攪拌 (9)。

份量：2 個直徑 12 公分的葡萄乾咕
　　　咕霍夫或 600g 咕咕霍夫麵團
準備時間：30 分鐘
麵團發酵時間：3 ～ 4 小時
烹調時間：20 ～ 25 分鐘

材料
內餡
葡萄乾 50g
黑蘭姆 1 大匙

基礎魯邦種
新鮮酵母 10g
室溫水 35g
45 號麵粉 50g

咕咕霍夫麵團
45 號麵粉 225g
蛋 1 個（50g）
牛奶（室溫）125g
砂糖 40g

鹽 1 小匙
奶油（室溫回軟）65g

收尾
奶油（加熱融化，用於模具）25g
杏仁片 50g
＋糖粉（最後使用）50g

1 將黑蘭姆倒入裝有葡萄乾的容器中，浸漬。

2 將酵母和水倒入攪拌碗內。

3 然後加入 50g 麵粉，用打蛋器攪拌。

4 和成緊實的麵團。

5 倒入 225g 麵粉，蓋在魯邦液種表面，讓麵團發酵。

6 利用這時候，在模具內壁上刷薄薄一層融化的奶油。

7 然後將杏仁片慢慢倒入模具底部，轉動模具，倒出多餘的杏仁片。

8 當魯邦種充分發好後，表面的乾麵粉會膨脹起來並裂開。

9 這時加入蛋、牛奶、糖、鹽和回溫後的奶油，放入攪拌機內攪拌。

葡萄乾咕咕霍夫

Kouglof sucré aux raisins

- 先用低速攪拌 10 分鐘左右 (10)，直到麵團表面光滑，帶有韌性，且不會黏在內壁上。再將攪拌機調到快速模式，攪拌 2 ～ 3 分鐘。

- 在和好的麵團內加入瀝乾蘭姆酒的葡萄乾 (11)，繼續攪拌至葡萄乾均勻混合在麵團中。

- 這時的咕咕霍夫麵團要柔軟且帶韌性，不黏手 (12)。

- 將麵團放到一個溫熱的地方（例如暖氣旁），發酵 1.5 小時，直到麵團的體積膨脹至原來的 2 倍 (13)。

- 即可將發好的麵團倒在撒好薄麵粉的工作檯上 (14)。

- 將麵團分割成兩等分。用手指把麵團揉成球形 (15) 即可，不需多揉。

- 把這 2 個麵團分別放在 2 個咕咕霍夫模具中 (16)，輕輕按壓 (17)，放到溫熱的地方再次發酵，時間約 2 小時。

- 在麵皮發好前 30 分鐘，打開烤箱，預熱至 170°C。

- 當麵皮發好後 (18)，放入烤箱，烤約 20 分鐘。

- 烤好後，從烤箱取出，完全放涼後，在表面輕輕撒上一層糖粉即可。

Advice

- 也可以做迷你咕咕霍夫，在表面刷上融化的奶油，放到混合好的糖粉和肉桂粉裡，裹勻即可。

10 慢速攪拌 10 分鐘左右，然後
將攪拌機調到快速模式攪拌
2 ～ 3 分鐘，注意，麵團不應
黏在鋼碗內壁。

11 拌好的麵團表面光滑，帶有韌
性，將蘭姆酒、葡萄乾瀝乾，
加入麵團中。

12 繼續攪拌，圖為拌好的麵團。
將麵團放到一個溫熱的地方，
發酵 1.5 小時。

13 等到麵團的體積膨脹至原來的
2 倍。

14 即可倒在撒有薄麵粉的工作檯
上，分割成兩等分。

15 用手指將麵團揉成球形即可，
盡量不要揉過頭。

16 把這 2 個麵團分別放在 2 個咕
咕霍夫模具中。

17 輕輕按壓，移到溫熱的地方再
次發酵，約 2 小時。

18 圖為發好的咕咕霍夫麵團。
將它放入 170°C 烤箱中，烤
20 ～ 25 分鐘。

大頭布里歐
Brioche à tête

- 將麵粉、糖、鹽、新鮮酵母放入攪拌碗內 (1)，注意別讓新鮮酵母直接碰到鹽或糖。

- 加入 3 個蛋 (2)。慢速攪拌 2 ～ 3 分鐘，直到和成黏稠的麵團。

- 加入回溫後的奶油塊 (3)，繼續攪拌 (4)。提高攪拌速度，以中速攪拌。

- 攪拌 5 ～ 10 分鐘，麵團會變得非常有韌性 (5)。

- 當麵團不會黏在攪拌碗內壁，用手可以將整個麵團拿起，就表示麵團已經和好 (6)。

- 用一塊布把攪拌碗內的麵團蓋住，室溫下發酵 1 個小時。

- 麵團發好後（體積為之前的 2 倍），放到撒有薄薄一層麵粉的工作檯上，揉成長條狀 (7)。

- 放入冰箱冷藏 2 小時，直到變硬。

- 當麵團變冷後，將它分割成 30 ～ 40g 的麵團塊 (8)。

份量：20 個大頭布里歐或 600g 布
　　　里歐麵團
準備時間：35 分鐘
麵團發酵時間：3.5 小時
麵團靜置時間：2 小時
烹調時間：10 ～ 12 分鐘

材料
45 號麵粉或精製白麵粉
250g
糖 30g
鹽 1 小匙
新鮮酵母 10g
蛋 3 個（150g）

奶油塊（室溫回軟）165g
蛋液（上色用）
蛋黃 2 個

薄麵粉（擀麵用）50g

1　將麵粉、糖、鹽、新鮮酵母放入攪拌碗內。

2　再加入 3 個蛋，以慢速攪拌。

3　直到和成黏稠的麵團，加入回溫後的奶油塊。

4　以中速攪拌。

5　攪拌至麵團的表面光滑並且具韌性。

6　如果可以用手將整個麵團拿起來而不會破散，就表示麵團已經和好。用一塊布把攪拌碗內的麵團蓋住，放在室溫下發酵 1 小時。

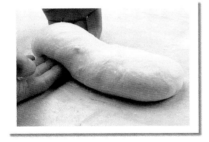

7　將發好的麵團放到撒有薄薄一層麵粉的工作檯上，揉成長條形。然後放入冰箱，至少冷藏 2 小時。

8　將這條麵團分割成 30 ～ 40g 的麵團塊。

大頭布里歐
Brioche à tête

· 用手掌將工作檯上的每個小麵團按扁 (9)，然後轉動手，讓麵團轉動，形成球狀 (10)。

· 做好一個小麵團就放入冰箱冷藏，直到做完。

· 從冰箱內拿出第一個小麵團，在工作檯上揉成長長的圓筒狀 (11)。

· 以掌側壓在圓柱形麵團 ⅔ 處來回揉 (12)，直到出現一個圓頭的形狀 (13)。

· 用刷子蘸些回溫後的奶油，刷在麵包模具的內側。

· 用手捏住麵團的頭部，將麵團放到模具裡 (14)。

· 食指蘸些麵粉，五指呈鉤狀插入並下壓麵皮頭部與下面的身體部位，將它分開成 2 個落在一起的球 (15)。食指要壓到模具底部，這樣頭和下半部的身體就不會黏在一起 (16)。

· 做好的麵團，頭和身體分明 (17)。

· 全部做好後，室溫發酵 2 小時。

· 在麵團發好前 20 分鐘，打開烤箱，預熱至 180°C。

· 把蛋黃打勻，用於上色。

· 當麵團發至之前的 2 倍大 (18)，即可在表面刷上一層蛋液 (19)。

· 放入烤箱，烤 10 ～ 12 分鐘。

· 烤好後，待降溫再脫模。

Advice

· 這道食譜的步驟 1 ～ 7 所做出來的布里歐麵團，之後有些種類的麵包的食譜也用得到。

9　用手掌將工作檯上的每個小麵團按扁。

10　然後轉動手，讓麵團轉動，形成球狀。做好一個小麵團就放入冰箱冷藏。

11　從冰箱拿出第一個小麵團，在工作檯上揉成長圓筒狀。

12　用手掌側面壓在長圓形麵團2/3 處來回揉，直到出現一個圓頭的形狀。

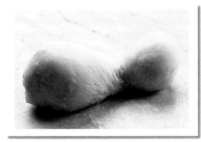

13　圖為做好的樣子。

14　用手捏住麵團的頭部，將麵團放到抹好奶油的模具裡。

15　食指蘸些麵粉，五指呈鉤狀插入模具並下壓麵團的頭部與下半部身體之間的部位，將它分開，形成 2 個落在一起的球。

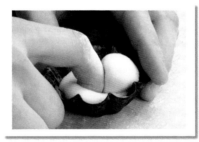

16　食指要壓到模具底部轉一圈，這樣頭和下半部的身體就不會黏在一起。

17　圖為做好的樣子。然後在室溫下發酵 2 小時。

18　圖為發好的大頭布里歐麵皮。

19　在大頭布里歐麵皮表面輕輕刷上一層蛋液，放入 180℃的烤箱，烤 10 ～ 12 分鐘。

蜂巢布里歐

Brioche nid d'abeille

- 參照第 132 頁步驟 1 ～ 7，做好布里歐麵團。將布里歐麵團放入冰箱冷藏，以利擀製。如果麵團過熱，也可以將麵團冷凍 10 分鐘。

- 從冰箱把麵團取出後，放在撒有薄麵粉的工作檯上擀成麵片 (1)。或是將麵團放在烘焙紙上擀成片，這樣可能容易些。

- 把麵片擀成大約 6 公釐厚再分割成圓片：可以使用直徑 22 公分 (2) 的鋼圈切割麵片，或者使用一個盤子，用刀圍繞盤邊將麵片分割成一個圓片；也可以使用直徑為 8 公分的切割器或茶杯將麵片切割成圓形麵片 (3)。

- 把分割好的圓形麵片放在鋪有烘焙紙的烤盤上，表面封好保鮮膜，室溫發酵約 2 小時。

- 在圓形麵皮發好前 20 分鐘，準備內餡。

- 將蜂蜜和砂糖放入鍋中，中火加熱。再加入柳丁皮碎 (4) 和奶油 (5)，用鏟子攪拌均勻，煮開 10 秒鐘 (6)。

- 最後加入杏仁片 (7)，攪拌至杏仁片被糖漿完全裹住。

- 離火後，在室溫下放涼。

- 烤箱預熱至 180°C。

- 將蛋液（上色用）的全蛋與蛋黃混合，輕輕打勻。

- 當麵皮發好後，在表面刷上一層蛋液 (8)。

- 把做好的杏仁餡放在圓形麵皮上：麵皮小的就放一小勺餡 (9)；麵皮大的就鋪一層餡 (10)。

- 放入烤箱，麵皮小的烤 10 分鐘，麵皮大的烤 15 分鐘。

- 當麵包邊緣和底部完全上色後就表示烤好了。

- 麵包在涼架上放涼後才可以吃。

份量：直徑 22 公分大的布里歐 2 個，或
　　　小的 12 個
準備時間：15 分鐘＋製作布里歐麵團時
　　　　　間
麵皮發酵時間：2 小時
烹調時間：10 ～ 15 分鐘

材料
布里歐麵團 600g（參照第 132 頁）

內餡
蜂蜜 100g
砂糖 100g
柳丁 1 個
奶油 100g
杏仁片 100g

蛋液（上色用）
蛋 1 個
蛋黃 1 個

1　將布里歐麵團放入冰箱冷藏至
　變硬，然後將麵團放到撒好薄
　麵粉的工作檯上，擀成 6 公釐
　厚的麵片。

2　使用直徑 22 公分的餅乾模分
　割麵片。

3　或用直徑 8 公分的餅乾模分割
　麵片。把分割好的麵片放在鋪
　有烘焙紙的烤盤上，室溫發酵
　約 2 小時。

4　在麵皮發好前 20 分鐘，將蜂
　蜜、砂糖和柳丁皮碎放入鍋
　中，中火加熱。

5　再加入奶油攪拌。

6　煮開 10 秒鐘。

7　加入杏仁片。

8　全蛋與蛋黃混合拌勻，刷在圓
　形麵皮表面。

9　舀一小勺杏仁餡放在小的圓形
　麵皮上。

10　大的圓形麵皮上就放一層薄薄
　的餡。放入 180℃ 烤箱，依麵
　皮大小烤 10 ～ 15 分鐘。烤好
　放涼後即可食用。

堅果三角麵包

Triangles aux fruits secs

· 參照第 122 頁步驟 1 ~ 14 做好牛奶麵包麵團，然後用棉布蓋住，室溫下發酵 1 小時。

· 麵團發好後，放在撒有薄麵粉的工作檯上，用手將它拍扁。

· 再用保鮮膜封好，放入冰箱至少靜置 1 小時。

· 利用這段時間，參照第 146 頁步驟 1 ~ 3，做卡士達醬，然後將做好的卡士達醬放入冰箱冷藏備用。

· 將所有的堅果切碎，一起放入一個容器內。

· 卡士達醬一變涼，即可用打蛋器攪勻，攪拌至滑順以便使用。

· 製作三角麵皮：將麵團從冰箱取出後，放在撒好薄麵粉的工作檯上（也可以直接將麵團放在撒有薄麵粉的烘焙紙上操作）。

· 把麵團擀成約 4 公釐厚的長方形 (1)，將 2 個長邊對折 (2) 後，再打開（這樣就可以找到麵皮的中心線）。

· 用勺子舀卡士達醬倒在一半的麵皮上 (3)，然後用抹刀將其抹平 (4)。

· 在卡士達醬上面撒些混合好的堅果碎 (5)，注意要撒勻。

· 將另外一半麵皮折疊過來，蓋住餡料 (6)。如果麵皮裡面有氣泡，就用手在表面輕輕按壓，擠出裡面的氣泡 (7)。

· 把這張堅果麵皮放到鋪好烘焙紙的烤盤上 (8)，表面蓋上保鮮膜，在室溫下發酵 2.5 小時。

· 在堅果麵皮發好前 20 分鐘，準備蛋液（上色用）：把全蛋和蛋黃放在一起，拌勻。

· 烤箱預熱至 180°C。

· 麵皮發好後，在表面刷上一層蛋液 (9)。

· 然後將麵片放入烤箱，烤 12 ~ 15 分鐘，並隨時注意爐內麵包顏色變化。

· 將烤熟的乾堅果麵包放涼，放到砧板上，先切成長條，再將長條切成一塊塊正方形，最後將正方形從對角切開，切成三角形 (10)。

份量：約 12～15 個

準備時間：25 分鐘＋製作牛奶
　　　　　麵包麵團時間

麵團靜置時間：1 小時

麵皮發酵時間：2.5 小時

烹調時間：12～15 分鐘

材料

牛奶麵包麵團 500g（參照第 122 頁）

卡士達醬 200g（參照第 146 頁）

榛果 60g

杏仁 60g

核桃（一般核桃或美洲胡桃）60g

蛋液（上色用）

蛋 1 個

蛋黃 1 個

1　麵團放在撒有麵粉的工作檯上，擀成約 4 公釐厚的長方形。

2　將麵片的 2 個長邊對折再打開，折出一條中線。

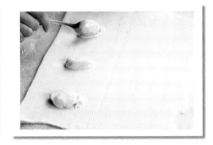

3　用勺子將卡士達醬舀到其中一半的麵皮上。

4　然後用抹刀抹平。

5　在卡士達醬上面撒些混合好的堅果碎。

6　將另一半麵皮折疊過來，邊緣對齊。

7　用手在麵皮表面輕輕按壓，擠出裡面的氣泡。

8　把整平的堅果麵皮放在鋪有烘焙紙的烤盤上，蓋上保鮮膜，在室溫下發酵 2.5 小時。

9　堅果麵皮充分發好後，在表面刷上一層蛋液。放入 180°C 的烤箱，烤 12～15 分鐘。

10　將烤好的堅果麵包放涼，放到砧板上先切成長條，再切成正方形，最後從對角切成三角形即成。

砂糖布里歐
Rectangle brioché au sucre

- 參照第 132 頁步驟 1～6 做好布里歐麵團，然後用棉布蓋住，室溫下發酵 1 小時。

- 發好後，放到撒有薄麵粉的工作檯上，用手將麵團拍扁，整成長方形。

- 放入冰箱冷藏至少 1 小時，直到麵團變硬。

- 取出後放在撒有薄麵粉的工作檯上 (1)，擀成約 4 公釐厚的長方形麵片。

- 橫向將麵片切割成一條條，寬約 7 公分 (2)。

- 把兩頭不齊的邊切掉 (3)，然後從長邊每 5 公分切一刀，切成 7×5 公分的長方形 (4)。

- 為了統一大小，可用第一個麵片作標準 (5)，比照它的大小切割剩餘的麵皮。

- 把分割好的長方形麵片整齊排放在鋪有烘焙紙的烤盤上，注意每塊之間應預留足夠的距離 (6)。

- 封上保鮮膜，室溫下發酵 2.5 小時。

- 在麵片發好前 20 分鐘，打開烤箱，預熱至 180°C。

- 把蛋和蛋黃混合，打勻，作為蛋液（上色用）。

- 一旦麵皮充分發好 (7)，就可在表面刷上一層蛋液 (8)，再均勻撒上糖粒 (9)。

- 放入烤箱，烤 10～12 分鐘。

- 烤熟後放涼即可食用。

Advice

- 如果沒有耐烘焙的糖粒，可用冰糖或紅砂糖代替。

份量：約 20 個
準備時間：20 分鐘＋製作布里歐麵
　　　　　團時間
麵團靜置時間：至少 1 小時
麵皮發酵時間：約 2.5 小時
烹調時間：10 ～ 12 分鐘

材料
布里歐麵團 600g（參照第 132 頁）

上色及收尾
蛋 1 個
蛋黃 1 個
耐烘焙粗粒糖（小泡芙專用糖，在大型超市或
甜品店有售）150g

1 將麵團放在撒有薄麵粉的工作檯上，擀成約 4 公釐厚的長方形麵片。

2 橫向將麵片切割成條，寬約 7 公分。

3 把兩頭不齊的邊切掉。

4 然後將這些長條切成 5 公分寬的長方形。

5 為了統一大小，可用第一個麵片作標準，切割剩餘的麵皮。

6 把分割好的長方形麵片排放在鋪有烘焙紙的烤盤上，注意麵皮之間應留有足夠的距離。封上保鮮膜，在室溫下發酵 2.5 小時。

7 圖為發好的麵皮。

8 在麵皮表面刷上一層蛋液。

9 均勻撒上糖粒。放入 180℃ 的烤箱，烤 10 ～ 12 分鐘。

辮子布里歐
Brioche tressée

- 參照第 132 頁步驟 1～7 製作布里歐麵團，用手掌將發好的布里歐麵團壓平，再分割成 6 塊，每塊重 100g，同時將麵團整成長方形。

- 一個辮子形狀的布里歐需要 3 塊長方形麵皮 (1)。將另外 3 塊麵皮放入冰箱冷藏，直到第一個辮子麵皮做好後再取出。

- 在工作檯上撒些薄麵粉，用雙手分別將 3 塊麵皮揉成長條狀 (2 和 3)，每條長約 25 公分。

- 將這 3 條麵皮的上半部放在一起，下半部每條之間分開幾公分的距離 (4)，成扇形。

- 開始用奶油麵團編辮子，先將最右邊那根麵條往左放，放在左邊那 2 根麵條的中間 (5)。

- 再把最左邊那根麵條往右放，放在右邊這 2 根麵條的中間 (6)，如此反覆操作，將最右邊的麵條放在左邊那 2 根麵條中間 (7)，將最左邊的麵條放到右邊那 2 根麵條中間，直到把下半部的麵條編完。最後，輕輕按壓這 3 根麵條的末端，將它們黏在一起 (8)。

份量：2 個
準備時間：15 分鐘＋製作布里歐麵
　　　　　團時間
麵皮發酵時間：2 ～ 3 小時
烹調時間：12 ～ 15 分鐘

材料
布里歐麵團 600g（參照第 132 頁）
布里歐麵粉 50g（撒在工作檯上，非必要）

蛋液（上色用）
蛋黃 2 個
鹽 1 撮

1 做好布里歐麵團後，分割成 6 塊，每塊 100g。將 3 塊長方形麵皮放在工作檯上，其餘的 3 塊冷藏。

2 在工作檯上撒一層薄薄的麵粉，用雙手分別將 3 塊麵皮揉成長條狀。

3 揉好的 3 根麵條長度約為 25 公分。

4 將這 3 條麵皮的上半部挨在一起，下半部每條之間分開幾公分的距離，排成扇子形。

5 將最右邊那根麵條往左邊放，放在左邊 2 根麵條的中間。

6 再把最左邊的那根麵條往右邊放，要放在右邊 2 根麵條的中間位置。

7 如此反覆操作，直到把下半部的麵條編完。

8 輕輕按壓這 3 根麵條的末端，將它們黏在一起。

辮子布里歐

Brioche tressée

- 用手握住編成辮子的下半部，轉到上面，讓上半部那 3 根散開的麵條朝向自己 (9 和 10)。

- 像剛才一樣繼續用麵條編辮子，將最右邊的麵條放在左邊 2 根麵條的中間 (11)，最左邊的麵條放在右邊 2 根麵條的中間 (12)。就這樣一直編到底，再把這 3 根麵條的末端黏在一起 (13)。

- 將編成辮子的麵皮放在鋪有烘焙紙的烤盤上 (14)。

- 取出冰箱裡另外那 3 塊長方形麵皮，參照以上方法繼續操作，將麵皮編成辮子形狀。

- 用保鮮膜把辮子麵皮蓋住封好，避免乾掉。放到溫熱處，發酵 2 ～ 3 小時。

- 你也可以做個大一點的辮子麵皮，將它做成花環的形狀 (15)。

- 麵皮發好前，打開烤箱，預熱至 180°C。

- 用叉子把 2 個蛋黃與 1 撮鹽打勻。

- 當麵皮發至之前的 2 倍，即可在表面刷上蛋液 (16)。然後將麵皮放入烤箱，烤 10 ～ 12 分鐘，隨時注意爐內的變化。

- 麵包的顏色不要烤過深。

- 烤好後，將它放到不鏽鋼涼架上，稍等片刻即可食用。

9 用手握住編成辮子的下半部，掉轉到上面。

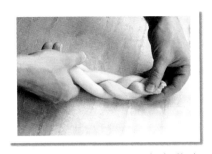

10 讓上半部散開的那 3 根麵條向著自己。

11 像剛才一樣繼續用麵條編辮子，將最右邊的麵條放在左邊 2 根麵條的中間。

12 把最左邊的麵條放在右邊 2 根麵條的中間。

13 就這樣一直編到底，再把這 3 根麵條的末端黏在一起。

14 將編成辮子的麵皮放在鋪有烘焙紙的烤盤上，蓋上保鮮膜，放在溫熱處發酵 2 ～ 3 小時。

15 你也可以做個大一點的辮子麵皮，再做成花環的形狀。

16 一旦辮子麵皮發至之前的 2 倍，即可在表面刷上蛋液。然後放入 180°C 的烤箱內，烤大約 10 分鐘。辮子麵包烤熟後，放到不鏽鋼涼架上。

瑞士布里歐
Brioche suisse

· 參照第 132 頁步驟 1 ～ 6 製作布里歐麵團，發酵 1 小時後，整成長方形，放入冰箱冷藏 40 分鐘後，再冷凍 20 分鐘。如果時間充足，也可以將麵團直接冷藏 2 小時。

· 利用這段時間，製作卡士達醬

製作卡士達醬

· 在鍋中倒入牛奶和 1 小匙奶油，中火加熱。

· 可考慮在牛奶裡加入香草籽；只要將豆莢剖開，刮下香草籽即可。

· 在一個容器內放入蛋黃和砂糖，攪拌均勻後，加入玉米粉和麵粉，拌勻成雞蛋麵糊。

· 牛奶煮開後，即可撈掉裡面的香草豆莢，將香草熱牛奶倒入雞蛋麵糊中，同時攪拌 (1)。

· 攪拌均勻後再倒回鍋中，中火加熱，並且不停地攪拌 (2)，直到液體變濃稠為止 (3)。

· 將做好的卡士達醬倒入一個乾淨的容器內，用保鮮膜封好，放入冰箱冷藏。

製作布里歐

· 在涼涼的工作檯上撒一層薄麵粉（若操作環境較熱，下面的操作過程可以在烘焙紙上進行，操作起來可能會容易些）。

· 從冰箱取出長方形的麵團，擀成厚約 4 ～ 5 公釐的長方形麵片 (4)。放入冰箱，冷凍幾分鐘。

· 把冷藏的卡士達醬取出，攪拌至柔滑。

· 把麵片從冰箱取出，放在工作檯上。用抹刀將卡士達醬橫向抹在麵片上 (5)，均勻抹在麵片的下半部 (6)，厚度大約 4 ～ 5 公釐。

份量：8～10 個

準備時間：25 分鐘＋製作布里歐麵團時間

麵皮發酵時間：2.5 小時＋1 小時布里歐麵團醒發時間

烹調時間：10～12 分鐘

麵團靜置時間：1 小時

材料

布里歐麵團 600g（參照第 132 頁）

卡士達醬（350g）

全脂牛奶 250ml

奶油 1 小匙

香草豆莢（非必要）½ 根

蛋黃 2 個

砂糖 50g

玉米粉（或布丁粉）20g

麵粉 1 大匙

內餡及收尾

耐高溫巧克力豆 120g

砂糖 50g

水 50ml

橙花水 1 大匙

蛋液（上色用）

蛋 1 個

蛋黃 1 個

1 做好布里歐麵團後，將煮開的香草奶油牛奶倒入雞蛋麵糊中（蛋黃＋砂糖＋麵粉＋玉米粉），攪拌。

2 拌勻後再倒回鍋中。

3 中火加熱，同時不停地攪拌。然後把做好的卡士達醬用保鮮膜封好，放入冰箱冷藏。

4 將靜置醒好後的麵團從冰箱取出，放在撒有薄麵粉的工作檯上，擀成 4～5 公釐厚的長方形麵片。

5 取抹刀將攪拌均勻的卡士達醬抹在麵片上。

6 把卡士達醬均勻抹在麵片的下半部。

瑞士布里歐
Brioche suisse

- 在卡士達醬上面撒上巧克力豆 (7)：注意，巧克力豆要撒勻 (8)。
- 用擀麵棍在巧克力豆上面輕輕滾壓，把巧克力豆壓入卡士達醬裡 (9)。
- 把未抹醬的那一半麵片折疊過來，蓋在餡上 (10)，用手掌輕壓麵皮表面，排出內部的空氣 (11)。
- 再用擀麵棍在上面滾壓 (12)，讓表面平整光滑。
- 用一把鋒利的刀子，橫向將麵皮切成 3 ～ 4 公分寬的長方塊 (13)。
- 排放在鋪有烘焙紙的烤盤上，每一塊麵皮之間保留一定的距離 (14)。
- 用保鮮膜封好，在室溫下發酵 2.5 小時。
- 利用這段時間，製作糖漿：將砂糖和水放入鍋中，中火煮開後放涼，加入橙花水即可。
- 在麵皮發好前 20 分鐘，打開烤箱，預熱至 180°C。
- 把蛋液（上色用）所使用的全蛋和蛋黃混合，輕輕攪打均勻。
- 當麵皮充分發好後，在表面輕輕刷上一層蛋液 (15)。
- 放入烤箱，烤 10 ～ 12 分鐘。注意，隨時觀察烤箱內的麵包狀況。
- 把烤熟的麵包從烤箱取出後，在表面輕輕刷上一層糖漿 (16)。
- 當麵包不燙手即可盡情享用了！

Advice

- 糖漿不是非用不可，但是塗了糖漿會讓瑞士布里歐吃起來更美味。
- 可將巧克力切碎，代替耐高溫巧克力豆，也可以加入糖漬的橙皮丁作變化。

7 在卡士達醬上撒巧克力豆。

8 圖為撒好巧克力豆後的樣子：注意要鋪撒均勻。

9 用擀麵棍在巧克力豆上面輕輕滾壓，把巧克力豆壓入卡士達醬裡。

10 把未抹醬的那一半麵片折疊過來，蓋在餡上。

11 用手掌在表面輕壓，將內部的空氣排出。

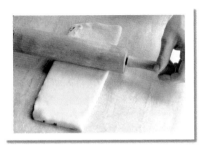

12 再用擀麵棍在上面滾壓，使麵皮表面平整光滑。

13 將麵皮橫向切成 3 ～ 4 公分寬的長方塊。

14 排放在鋪有烘焙紙的烤盤上，用保鮮膜封好，在室溫下發酵 2.5 小時。

15 麵皮充分發好後，在表面輕輕刷上一層蛋液。放入 180°C 的烤箱，烤 10 ～ 12 分鐘。

16 把烤熟的麵包從烤箱取出後，在表面輕輕刷上一層糖漿，降溫後即可食用。

胡桃肉桂布里歐
Brioche aux noix de pécan et à la cannelle

- 參照第 132 頁步驟 1～6 的操作過程，製作布里歐麵團，揉好的麵團應均勻一致，具韌性。再加入肉桂粉和美洲胡桃碎 (1)。

- 用手將麵團與料混合均勻 (2)，蓋上一層棉布，靜置室溫下發酵，待體積膨脹為之前的 2 倍。

- 利用這段時間，在長形蛋糕模具內壁上抹好奶油。

- 麵皮充分發好後，將它放在撒有薄麵粉的工作檯上 (3)。

- 用手將麵團輕輕拍扁，整成長方形，但避免揉過頭 (4)。

- 再用刀分割成四等分 (5)。

- 用雙手將每塊麵團揉成球形 (6)。

- 把 4 個揉成球形的麵團放在已經抹好奶油的長形蛋糕模具中 (7)。

- 封好保鮮膜，在室溫下發酵 2.5 小時。

- 麵皮即將發好前 30 分鐘，先打開烤箱，預熱至 170°C。

- 這時候，把蛋和 1 撮鹽混合，用叉子拌勻。

- 麵皮充分發好後，在表面刷上蛋液 (8)。

- 剪刀的刀尖蘸水 (9)，將每個球形麵皮表面中間剪開 (10)。剪刀每剪一次蘸一次水，蘸水的目的是避免沾黏麵皮。

- 然後，將麵皮直接放入烤箱內的不鏽鋼架上，烤 20 分鐘，隨時注意烤箱內麵包顏色的變化。

- 麵包烤好後，放涼再脫模。

Advice

- 你可以做原味的布里歐，也可以選用個人偏愛的堅果加入麵包中。

份量：1 個（28 公分長）

準備時間：20 分鐘＋製作布里
歐麵團的時間

麵團發酵時間：3.5 ～ 4 小時

烹調時間：約 20 分鐘

材料

剛做好的布里歐麵團 600g
（參照第 132 頁）

優質肉桂粉 30g

美洲胡桃粗粒 100g

奶油（用於模具）10g

蛋（用於上色）1 個

鹽 1 撮

1　做好布里歐麵團後，在裡面加入肉桂粉和美洲胡桃粗碎。

2　用手把所有材料拌勻，將麵團蓋上一層棉布，靜置室溫下發酵 1 小時。

3　將麵團放到撒有薄麵粉的工作檯上，用手將它輕輕拍扁，排出裡面多餘的氣體。

4　將麵團整成長方形，但避免揉過頭。

5　分割成四等分。

6　用雙手將每塊麵團揉成球形。

7　然後將麵團放入抹了奶油的長形蛋糕模具中。在室溫下發酵至少 2.5 小時。

8　麵皮充分發好後，把蛋液刷在表面。

9　剪刀蘸冷水。

10　將每個球形麵團表面的中間剪開。麵團放入 170℃ 的烤箱，烤大約 20 分鐘。

心形酥粒布里歐
Brioche coeur streusel

· 參照第 132 頁步驟 1 ~ 6 的操作過程，製作布里歐麵團，整成正方形，放入
  冰箱冷藏 1 小時，直到麵團變硬。

· 然後從冰箱取出麵團，放在撒有薄麵粉的工作檯上擀成片，厚度約 6 公釐
  (1)。

· 利用心形餅乾模，在麵片上切割出心形 (2)，這個步驟也可以利用鋒利的刀
  尖完成。

· 拿掉多餘的麵片 (3)，留做其他布里歐用。把心形的麵片放在鋪有烘焙紙的
  烤盤上，在室溫下發酵約 2 小時。

· 在麵團發好前 20 分鐘，打開烤箱，預熱至 170°C。

製作內餡

· 梨去皮，用檸檬擦拭表面，避免變色。
  然後縱向對切成 2 塊，去掉果核，切成
  大約 1 公分見方的小丁。

· 在煎鍋中倒入紅砂糖，中火加熱至變成
  焦糖 (4)。

· 然後加入奶油和切好的梨丁 (5)，再撒下
  肉桂粉 (6)。小火烹煮 5 分鐘，離火，備
  用。

份量：10 人份
準備時間：20 分鐘＋製作布里
　　　　歐麵皮時間
麵皮發酵時間：約 2 小時
烹調時間：12 ～ 16 分鐘
重點工具：1 個心形餅乾模

材料
布里歐麵團 600g（參照第 132 頁）
成熟的梨（考密斯甜梨）3 個
檸檬 ½ 個
紅砂糖 20g
奶油 1 小匙
肉桂粉 1 小匙
蛋（用於上色）1 個
藍莓（新鮮或冷凍）20 個
糖粉（用於最後裝飾）1 大匙

椰蓉酥粒
奶油 50g
砂糖 50g
椰子粉 50g
麵粉 50g
鹽 1 撮

1　將布里歐麵團放在撒有薄麵粉的工作檯上，擀成 6 公釐厚的麵片。

2　利用心形餅乾模，在麵片上切割出心形，或用鋒利的刀尖來完成此步驟。

3　去掉心形麵片周邊多餘的麵片。把心形麵片放在鋪有烘焙紙的烤盤上，室溫下發酵約 2 小時。

4　梨去皮，用檸檬擦拭表面，切成方丁；在煎鍋中倒入紅砂糖，中火加熱至其變成焦糖。

5　然後加入梨丁和奶油。

6　撒入肉桂粉，以小火烹煮約 5 分鐘。

153

心形酥粒布里歐
Brioche coeur streusel

製作酥粒及收尾

· 利用這段時間，製作酥粒：將奶油、砂糖、椰子粉、麵粉和鹽一起放入容器內 (7)。

· 用手指攪拌所有材料，揉成小麵團。當然，這個過程也可以在工作檯上完成 (8)。

· 將蛋打勻，刷在發好的心形麵片上 (9)。

· 然後把藍莓一個一個壓入心形麵片裡 (10)。

· 利用小勺，在麵片表面鋪放煮好的肉桂焦糖梨塊 (11)。

· 再均勻撒上酥粒小麵團 (12)，將麵皮放入烤箱，烤 15 分鐘。

· 麵包烤好後，在不鏽鋼涼架上放涼再撒上糖粉，即可食用。

Advice

· 其實，心形布里歐麵片也可以做成其他形狀，如圓形或正方形，這樣就不需分割了。

7　將用來製作酥粒麵團的材料，包括奶油、砂糖、椰子粉、麵粉和鹽放入一個容器內，用手指攪拌所有材料。

8　在工作檯上將全部材料揉成小麵團。

9　在發好的心形麵片上刷上一層蛋液。

10　按固定距離，把藍莓一個個壓入心形麵片裡。

11　然後在麵片表面鋪放煮好的肉桂焦糖梨塊。

12　在表面均勻撒上酥粒小麵團，放入 170°C 的烤箱中，烤 15 分鐘。

粉色糖衣杏仁布里歐
Pognes aux pralines roses

· 參照第 132 頁步驟 1 ～ 7 操作，製作出布里歐麵團，用鋒利的刀在砧板上將杏仁切碎 (1)。

· 把布里歐麵團放在撒有薄麵粉的工作檯上，用手按扁 (2)。撒上杏仁碎 (3)。

· 把麵片捲起來，裹住杏仁碎 (4)。再用手揉，使內餡均勻分布在麵團中 (5)，揉成一個球形。

· 最後，把麵團分割成 8 塊，每塊大約 100g(6)。

· 每塊麵團用手揉勻 (7)。

份量：大的 8 個或小的 16 個
準備時間：20 分鐘＋製作布里
　　　　　歐麵團時間
麵皮發酵時間：約 2.5 小時
烹調時間：15 分鐘

材料
布里歐麵團 600g（室溫回軟，
參照第 132 頁）
優質粉色糖衣杏仁 80g ＋ 20g
（收尾時使用）

麵粉（撒在工作檯上）100g

上色及收尾
蛋 1 個
蛋黃 1 個
杏仁碎適量

1 製作出布里歐麵團後，在砧板上將粉色糖衣杏仁切碎。

2 把布里歐麵團放在撒有薄麵粉的工作檯上，用手將麵團按扁。

3 撒上粉色糖衣杏仁碎。

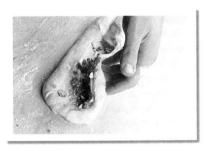

4 把麵片捲起來，裹住杏仁碎。

5 用手揉，使內餡均勻分布在麵團中。

6 把麵團分割成八等分。

7 在撒了一層薄麵粉的工作檯上，以手揉麵團。

粉色糖衣杏仁布里歐

Pognes aux pralines roses

· 用手掌將一塊塊麵團拍扁 (8)，按住麵團，在工作檯上轉動：直到麵團表面光滑，成為球形 (9、10、11 和 12)。

· 用指尖拿起揉好的球形麵團 (13)，一塊塊整齊地排放在已經鋪有烘焙紙的烤盤上 (14)。

· 蓋上保鮮膜，室溫下發酵 2.5 小時。

· 在麵團發好前 20 分鐘將烤箱打開，預熱至 180°C。

· 把全蛋和蛋黃放入一個容器內，用叉子輕輕拌勻。

· 刷子蘸上蛋液，刷在發好的球形麵團表面 (15 和 16)。

· 最後可選擇不同方法完成麵團的製作，例如：撒上好看的糖衣杏仁碎 (17)，或撒杏仁碎（或杏仁片）(18)，或者保持原味的狀態 (19)。

· 最後，將其放入烤箱內，烤 15 分鐘並隨時注意烤箱內麵包的狀況。

· 麵包烤熟後放涼即可食用。

Advice

· 你也可以把整塊麵團分割成 10 ～ 16 塊，做成更小的球形麵團。

· 當然也可以把整塊麵團放在蛋糕模具中，做成各種形狀的麵包。

8 用手掌將麵團拍扁。

9 按住麵團在工作檯上轉動。

10 注意是用手掌心揉。

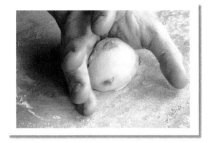

11 揉到麵團表面光滑。

12 完成球形麵團。

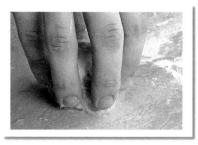

13 用指尖輕輕地拿起揉好的球形麵團。

14 將麵團排放在鋪有烘焙紙的烤盤上。室溫下發酵 2.5 小時。

15 用刷子在發好的麵團表面刷上一層蛋液。

16 用刷子輕輕刷均勻。

17 最後,將好看的粉色糖衣杏仁碎粒撒在麵團表面。

18 撒上杏仁碎(或杏仁片)。

19 或者保持原來的狀態。放入 180℃ 的烤箱烤約 15 分鐘。

油炸布里歐
Bugnes

- 參照第 132 頁步驟 1 ～ 7，製作布里歐麵團。輕輕將麵團擀扁，用保鮮膜包好，放冰箱冷藏，靜置至少 2 小時，直到麵團變緊實。

- 然後將麵團放在撒有薄麵粉的工作檯上，在麵團表面再撒些麵粉 (1)。

- 用擀麵棍將麵團擀成 3 公釐厚的麵片 (2)，注意要擀成長方形 (3)。

- 取一把鋒利的刀，斜向將麵片切成一條條寬約 6 公分的長條 (4)。

- 換個方向，再斜刀將長條切成 4 公分寬的菱形 (5)。

- 用小刀刀尖在每片菱形麵片中間縱向劃開 2 公分的長口 (6)。

- 一手拿起菱形麵片 (7)，另一手將一個麵角從麵片底下彎到中間口的位置 (8)用手指將它頂出，再抓住從中間口穿出來的麵角，輕輕把它拽出 (9)。

份量：約 30 個
準備時間：25 分鐘＋製作布里歐麵團時間
發酵時間：2.5 小時
麵團靜置時間：約 2 小時
烹調時間：4 ～ 5 分鐘

材料
布里歐麵團 600g
（參照第 132 頁，但是奶油用量
減少 ½）
植物油（油炸使用）1000ml
橙花水 100ml
砂糖 200g
肉桂粉 1 大匙

1 將冷藏好的布里歐麵團放在撒有薄麵粉的工作檯上，麵團表面再撒些麵粉。

2 用擀麵棍將麵團擀成約 3 公釐厚的麵片。

3 注意，要擀成長方形。

4 斜刀將麵片切成一條條寬約 6 公分的長條。

5 再換方向，將這些長條斜刀切成 4×6 公分的菱形。

6 用刀尖，在每片菱形麵片中間縱向劃 2 公分的長口。

7 用手拿住菱形麵片。

8 將一個麵角從麵片底下彎到中間口的位置往上穿。

9 將穿出來的麵角輕輕拽出。

油炸布里歐

Bugnes

- 將做好的菱形麵皮排放在鋪有烘焙紙的烤盤上 (10)，不用覆蓋，室溫下發酵 1.5 小時。

- 菱形麵皮發好後，熱油，加熱到 170 ～ 180°C。

- 小心地把菱形麵皮放入熱油中 (11)，小心別燙到。

- 麵皮的一面炸上色後 (12)，用漏勺將麵皮翻面，炸另一面 (13)。直到兩面顏色一致，即可撈出。繼續油炸其他的菱形麵皮 (14)。

- 把炸好的布里歐放在廚房紙巾上，吸掉多餘的油脂 (15)。

- 在布里歐上面撒上橙花水 (16)，再放入混合好的砂糖和肉桂粉中，沾裹均勻 (17 和 18)。

- 立刻享用吧！

10 將做好的菱形麵皮排放在鋪有烘焙紙的烤盤上,在室溫下發酵 1.5 小時。

11 將食用油熱到 170～180℃,小心地放入菱形麵皮。

12 先將一面炸上色。

13 再利用漏勺翻面,油炸另一面麵皮。

14 繼續油炸其他的菱形麵皮。

15 炸好的布里歐放在廚房紙巾上,吸掉多餘的油脂。

16 撒上橙花水。

17 將布里歐放入混合好的砂糖和肉桂粉中。

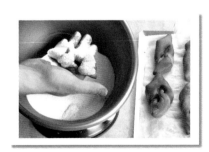

18 沾裹均勻。

無花果櫻桃司康
Scones aux figues et griottes

· 將無花果乾和櫻桃切成小丁。

· 把麵粉和發粉一起過細篩網到一個容器內 (1 和 2)。

· 然後加入砂糖 (3) 和回溫後的奶油 (4)。

· 用手將所有材料揉成奶酥麵團 (5)，直到奶油與麵粉混合均勻 (6)。

· 再加入蛋和牛奶 (7)，用木勺繼續攪拌 (8)。

· 加入切好的水果小丁 (9)。

份量：約 20 個
準備時間：20 分鐘
麵團靜置時間：10 分鐘
烹調時間：10 ～ 15 分鐘

材料
無花果乾 80g
冷凍酸櫻桃 60g
45 號麵粉 400g
發粉 25g
砂糖 90g
奶油（室溫回軟）55g

蛋（50g）1 個
全脂牛奶 150ml

蛋液（上色用）
蛋黃 2 個

1 水果處理好後，將麵粉與發粉一起放入細篩網內。

2 全部過濾到一個容器裡。

3 加入砂糖。

4 再加入回溫後的奶油。

5 用手開始揉麵。

6 將所有材料揉成奶酥麵團，直到奶油與麵粉混合均勻。

7 然後加入蛋和牛奶。

8 用木勺繼續攪拌。

9 最後，加入切好的水果丁。

無花果櫻桃司康
Scones aux figues et griottes

- 再次攪拌，直到麵團變很硬 (10)。

- 將麵團放在撒有薄麵粉的工作檯上以手揉麵，整成長方形 (11 和 12)。

- 放入冰箱冷凍 10 分鐘，使水果麵團略顯硬實。

- 將烤箱預熱至 210℃。

- 從冰箱取出水果麵團，放在撒有薄麵粉的烘焙紙上。

- 用擀麵棍將麵團擀成約 2 公分厚的麵片 (13)。

- 將水果麵片切成 4 ～ 5 公分寬的長方條 (14 和 15)。再將每個長方形橫向切成 4 ～ 5 公分寬的正方形水果麵皮 (16)。

- 把正方形水果麵皮排放在鋪有烘焙紙的烤盤上 (17)。

- 將蛋黃放在一個小碗內，取一支叉子輕輕拌勻。用刷子將蛋液輕刷在每個正方形水果麵皮表面 (18)。

- 將麵皮放入烤箱，烤十幾分鐘。隨時留意爐內的狀況，司康餅的表面及底部顏色都要變深，內部鬆軟。

- 取一個無花果櫻桃司康餅掰開來看：只要中心沒有看到生麵團，就表示已經烤熟了。

- 從烤箱取出，放涼即可食用。

Advice

- 可依個人喜好選用餡料，如李子乾、葡萄乾、青蘋果丁等。

- 可提前一天將麵皮做好，切成方塊後，放入冰箱冷凍到第二天。

10 繼續攪拌。

11 將水果麵團放在撒有薄麵粉的工作檯上。

12 用手揉,將麵團揉成長方形。放入冰箱冷凍 10 分鐘。

13 將烤箱溫度設定為 210 ℃ 預熱。把水果麵團放在撒有薄麵粉的烘焙紙上,擀成大約 2 公分厚的麵片。

14 以鋒利的刀切割水果麵片。

15 將麵片切成 4 ～ 5 公分寬的長方形條。

16 將每個長方條橫向切成 4 ～ 5 公分寬的正方形麵皮,注意兩邊應等比。

17 把正方形麵皮排在鋪有烘焙紙的烤盤上。

18 將蛋黃拌勻,然後用刷子將蛋液輕輕刷在每個正方形水果麵皮表面。將麵皮放入烤箱,烤 10 ～ 15 分鐘,隨時留意烤箱內無花果櫻桃司康的狀況。

167

橙皮巧克力吐司麵包

Pain de mie à l'orange et au chocolat

- 將麵粉、砂糖、鹽和酵母放在攪拌碗內 (1)，小心別讓酵母直接接觸鹽和糖。

- 把水和奶粉一起放入一個容器內拌勻，再倒入攪拌碗內 (2)，慢速攪拌 3 分鐘 (3)。

- 利用這段時間，將糖漬橙皮切成小丁 (4)。

- 麵團和好後，加入回溫後的奶油 (5)，中速攪拌 2 ～ 3 分鐘。

- 奶油與麵團混合均勻後，加入巧克力豆 (6) 和糖漬橙皮丁 (7)，改用手揉麵 (8)，直到材料與麵團混合均勻。揉好的麵團不但緊實且帶韌性。

份量：25 公分長的吐司麵包
　　　1 條或吐司麵團 600g
準備時間：20 分鐘
麵團發酵時間：3 小時
烹調時間：25 ～ 30 分鐘
重點工具：
30 公分長的蛋糕模具 1 個

材料
45 號麵粉 370g
砂糖 15g
鹽 2 小匙
酵母 15g
涼水（室溫）200ml
奶粉 20g
優質糖漬橙皮 60g

奶油（室溫回軟）50g
耐烘焙巧克力豆 70g
＋奶油（加熱融化，用於塗
抹模具內壁）25g

1 將麵粉、砂糖、鹽和酵母放入
   攪拌碗內。

2 把水和奶粉攪拌均勻後倒入攪
   拌碗內。

3 慢速攪拌 3 分鐘，和成麵團。

4 將糖漬橙皮切成小丁，備用。

5 在和好後的麵團裡加入回溫後
   的奶油，中速攪拌 2 ～ 3 分鐘。

6 加入巧克力豆。

7 加入糖漬橙皮丁。

8 以手揉麵，將所的有材料混合
   均勻。

169

橙皮巧克力吐司麵包

Pain de mie à l'orange et au chocolat

- 麵團放在攪拌碗內，靜置在溫熱處發酵 1 小時 (9)。

- 麵團發好後，將它放在撒有薄麵粉的工作檯上 (10)。

- 將麵團拍扁，上半部往中間折疊 (11)。

- 然後掉轉麵團方向，將另外一邊也往中間折疊 (12)，同時用手指按壓麵團，讓這兩層黏在一起。

- 再將麵團對折，壓緊邊緣處，形成表面光滑的圓柱 (13)。

- 用刷子蘸上融化的奶油，刷在蛋糕模具的內壁 (14)。

- 將圓柱麵團放入蛋糕模具中，注意接縫處要朝下放置 (15)。

- 用手將模具中的麵團壓實 (16)。

- 室溫下發酵 1.5 小時，直到麵團體積膨脹至之前的 2 倍。

- 打開旋風烤箱，預熱至 180°C。

- 把發好的麵皮放入烤箱，烤 20 ～ 25 分鐘。

- 烤熟的吐司麵包直接脫模，放在不鏽鋼涼架上，避免變軟 (17)。

9 將麵團放在攪拌碗內，放到溫熱處發酵 1 小時。

10 待麵團發好後，將它放在撒有薄麵粉的工作檯上。

11 將麵團輕輕拍扁，上半部向中間折疊。

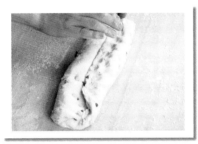

12 將麵團掉轉過來，把另一邊也向中間折疊，然後用手指按壓，將這兩層沾黏在麵團上。

13 再將麵團對折一次，邊緣處壓緊，形成一條表面光滑的圓柱麵團。

14 在蛋糕模具的內壁刷上一層融化的奶油。

15 將圓柱麵團放入蛋糕模具中，注意接縫處要朝下放置。

16 將模具中的麵團壓實，在室溫下發酵 1.5 小時。

17 把發好的麵團放入 180°C 的烤箱中，烤 20 ～ 25 分鐘。吐司麵包烤熟後立即脫模。

PART

3

奶油製品

奶油糕點的製作

在食譜前，首先必須對這本書的主要材料，即牛奶和奶油，有所認識。

牛奶

是一種容易變質材料，為延長保存期限，確保它的品質，需要做一些加工處理。

生乳

在法國，有些商店的冷藏保鮮櫃可以看到生乳，就裝在瓶子裡，蓋子是黃色。這樣的牛奶沒有經過任何的處理，在裝瓶後，保存期限是 72 小時。這樣的牛奶口感潤滑，奶香味足。

巴氏殺菌鮮乳

一般超市生鮮部門賣的都是這類牛奶，巴氏殺菌（低溫殺菌）是將牛奶加熱到 72 ～ 85°C，為時 20 秒。這種殺菌法可保證牛奶在保存期限內的味道與品質。經巴氏殺菌的牛奶，其味道品質接近生奶。保存最長 7 天。分全脂牛奶和低脂牛奶。

超高溫殺菌牛奶

在法國，這類牛奶最普遍，裝在紙盒裡販賣。經 140 ～ 150°C 高溫加熱數秒鐘，滅菌後儲存，常溫下可保存 90 天。有全脂牛奶、低脂牛奶和脫脂牛奶。

全脂牛奶

這類牛奶每升含 36g 脂肪。裝著這種牛奶的瓶子配的是紅色蓋子。不論是低溫殺菌乳或滅菌乳，全脂牛奶比較香濃。

低脂牛奶

這類牛奶每升含 15 ～ 18g 的脂肪。這類牛奶瓶配的是藍色蓋子。在法國，這類牛奶的消費占 80%。

脫脂牛奶

這類牛奶不含脂肪。這類瓶子配的是綠色蓋子。相較於全脂牛奶，脫脂牛奶的味道清淡，呈半透明狀。在此建議製作甜品時最好選用巴氏殺菌的全脂牛奶。

奶油

奶油來自牛奶，添加其他任何脂肪都是法令所禁止的（1934 年 6 月 29 日頒發法律）。依法規，「奶油」產品必須是由含有至少 30% 脂肪的牛奶製作而成（1980 年 4 月 23 日頒發法令）。

生奶油

這類奶油既不是經巴氏殺菌，也不是高溫

滅菌，而是直接從牛奶中撇取脂肪，其脂肪含量在 30 ～ 40% 間，保存在 6°C 的環境下，保存期限有限。

巴氏殺菌鮮奶油（液體奶油或淡奶油）

這類奶油質稀、口味淡，經過簡單的巴氏殺菌，延長保存時間。通常從專業的角度看，是以「蓬鬆度」（透過攪打使其內部形成氣泡的量）去評價它的品質。這類奶油口味單一，不論用在哪一種甜品都可自成一格。

巴氏殺菌重奶油

這類奶油是發酵熟的奶油，是經過巴氏殺菌後，加入乳酸菌發酵形成濃醇的奶油，帶酸味和豐富的奶香味。這類奶油（也稱作濃奶油）反而沒淡奶油的脂肪含量高。

動物性鮮奶油

這類奶油是透過 150°C 的超高溫加熱 2 秒，然後快速冷卻降溫，保持其液體狀態，可長時間保存。

分為全脂奶油和低脂奶油兩種。全脂奶油的脂肪含量平均為 32%，而低脂奶油的脂肪含量為 15%。

本書所有食譜皆使用全脂奶油（或淡奶油）製作糕點。這類奶油的口感最好，而且在製作鮮奶油時可降低失敗率。

此外，打奶油時應注意：提前把奶油放入冰箱冷藏 24 小時。在打奶油之前最好先將容器和打蛋器降溫。

奶油和奶油產品的保存

注意保存：所有奶油類產品製作時間不能超過 24 小時，這點應事先明白，以防蛋類所引起的食物中毒。製作出來的成品保存時間為 48 小時。如此，可避免奶油在冰箱冷藏過程中吸收大量的氣味。

烘焙奶油產品時應注意：最好關掉烤箱的風扇。使用烤箱烘焙宜低溫慢火，避免高溫快烤破壞奶油的品質。以小火（烤箱中）隔水加熱，可免奶油內部產生大量氣泡。當然，如果使用的容器與書裡看到的不同，就應依情況延長或縮短加熱時間。

英式香草奶油醬

如果想要製作英式香草奶油醬，可以按照白巧克力奶凍（第 202 頁）的食譜，步驟 1 ～ 4 和以下的材料比例：淡奶油 350ml、糖 115g、蛋黃 6 個和香草豆莢 2 根來製作。

香醍鮮奶油（法式蛋白霜）
Crème Chantilly (meringue française)

· 首先要製作蛋白霜，因為蛋白霜需要烤很久。

· 將蛋白倒入碗中，先加點砂糖下去打 (1)。

· 蛋白逐漸打發後，慢慢加入剩下的砂糖 (2)。

· 打到呈純白色 (3)，打發後的蛋白可停留在打蛋器上不掉 (4) 即可。

· 然後將糖粉直接篩到打發的蛋白裡 (5)，以橡皮刮刀輕輕攪拌 (6)。

· 烤箱預熱至 150°C。

· 將打發的蛋白裝入有平頭圓口擠花嘴的擠花袋裡，一條條整齊地擠在烘焙紙上 (7)。

· 利用細篩網撒上糖粉 (8)。

份量：6 人份
準備時間：20 分鐘
烹調時間：2 小時 10 分鐘

重點工具
擠花袋 1 個
平頭圓口擠花嘴 1 個
圓口花邊擠花嘴 1 個

材料
蛋白霜
蛋白 3 個
砂糖 100g
糖粉 100g
＋糖粉（撒在表面）50g

鮮奶油
全脂淡奶油 250g
砂糖 50g
櫻桃利口酒 1 小匙
香草精 1 小匙

1 將蛋白倒入容器中，先加點砂糖，打勻。

2 再將剩餘的砂糖一點一點加入，把蛋白打發。

3 打到蛋白（蛋白霜）滑順。

4 打好應該是這樣。

5 將糖粉過篩到打發的蛋白裡。

6 使用橡皮刮刀輕輕攪拌。

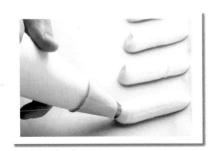

7 將打發的蛋白裝入配有平頭圓口花嘴的擠花袋裡，整齊地擠在烘焙紙上，擠成一條條。

8 輕輕撒上糖粉，放入 150°C 的烤箱中烤 8 分鐘，然後把烤箱溫度調低至 90°C，再續烤 2 小時。

香醍鮮奶油（法式蛋白霜）
Crème Chantilly (meringue française)

- 放入 150°C 的烤箱中烤 8 分鐘，然後把烤箱溫度調低至 90°C 再烤 2 小時。
- 當蛋白霜的內部完全變乾就表示已經烤熟了，可從烤箱取出放涼，進行下一步驟。
- 將奶油倒入一只容器中，容器放在一個裝了冰塊的盆中 (9)。
- 打發奶油 (10)。
- 奶油打發後，加入砂糖 (11)、櫻桃利口酒 (12)，最後加入香草精 (13)。
- 不停地打，直到奶油可以停留在打蛋器上不掉下為止。
- 在每兩塊蛋霜白之間擠上鮮奶油，再黏在一起 (14)。
- 然後，用有花邊花嘴的擠花袋，把鮮奶油擠在每個蛋白霜的表面，呈玫瑰花瓣狀 (15)。

Advice

- 當天食用。

9 取一只容器，放在裝有冰塊的盆中。

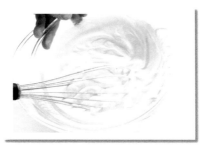
10 容器變涼後，在裡面把奶油打發。

11 加入砂糖。

12 再加入櫻桃利口酒。

13 最後加入香草精。

14 每兩塊蛋白霜之間用鮮奶油黏起來。

15 把鮮奶油裝入帶有花邊花嘴的擠花袋，擠在每個蛋白霜的表面，呈玫瑰花瓣狀即可。

焦糖蛋布丁

Crème caramel

製作焦糖

· 將一半的砂糖倒入一個厚底鍋中 (1)，以中火加熱，同時用木勺攪拌 (2)。

· 當鍋中的糖融化後，加入剩下那一半砂糖 (3)，繼續加熱攪拌，直到變成焦糖（全部變成焦糖色）(4)。

· 關火，焦糖顏色會繼續加深 (5)（因為鍋內還有一定的熱度）。

· 當焦糖達到所需要的顏色，將鍋放入裝有冷水的盆中迅速降溫，停止加熱 (6)。

· 在焦糖尚未凝固前 (7)，分裝倒入厚約 5 公釐耐熱的小耐熱皿中 (8)。

· 放涼即可。利用這段時間可以來準備蛋布丁的材料。

製作布丁

· 將烤箱預熱至 160°C。

· 把蛋打在容器中 (9)，加入蛋黃。

份量：8 人份
準備時間：20 分鐘
烹調時間：1 小時

重點工具
8 個耐熱皿

材料

焦糖
砂糖 250g

蛋布丁
蛋 6 個
蛋黃 4 個
砂糖 200g
香草豆莢 1½ 根
全脂牛奶 1000ml

1 取一只厚底鍋，倒入一半份量的砂糖。

2 以中火加熱，同時用木勺不斷攪拌。

3 當鍋中的砂糖融化後，加入另一半的砂糖。

4 繼續加熱攪拌，直到變成清澄的焦糖。

5 先關火，再用鍋子的餘溫繼續加熱。

6 當焦糖轉變為所需要的顏色時，將鍋子放入裝有冷水的盆中迅速降溫，停止加熱。

7 焦糖應是這樣的顏色和質地。

8 將焦糖平均倒入一個個厚約 5公釐的耐熱皿中，放涼。

9 先把蛋打入容器中，再將蛋黃加入容器。

焦糖蛋布丁

Crème caramel

- 用打蛋器把蛋液拌勻 (10)，然後倒入砂糖 (11)，同時不停地攪拌 (12)。攪拌時避免用力過猛，把空氣打入蛋液中造成氣泡，只要簡單拌勻即可。

- 加入香草豆莢。利用手持攪拌器 (13)，把香草豆莢與蛋液充分拌勻。

- 只要香草豆莢的味道混入蛋液中，即可一點一點地加入牛奶 (14)。

- 然後用細篩網將混合液過濾 (15)，去掉香草豆莢殘渣。

- 用湯勺將混合液分裝倒入裝有焦糖的耐熱皿中 (16)。

- 在烤盤內倒入 1 公分高的冷水，把耐熱皿放入水中，上面蓋一層烘焙紙。放入烤箱烤 1 小時。

- 當耐熱皿中的混合液不會晃動，就表示烤熟了。

- 取出後完全放涼，即可脫模。

- 脫模時注意：用小刀的刀尖繞耐熱皿內壁一圈，將焦糖布丁劃開 (17)，倒扣在盤子上，就可從耐熱皿把焦糖布丁倒出來 (18)。

- 即時享用！

10　用打蛋器把蛋液拌勻。

11　倒入砂糖。

12　輕輕攪拌，不要起沫。

13　加入香草豆莢，再攪拌。

14　一點一點地加入牛奶，同時不停地攪拌。

15　過濾。

16　將混合液倒入裝有焦糖的耐熱皿中。放入 160℃ 的烤箱中，烤 1 小時。烤熟後，取出放涼。

17　取小刀以刀尖繞著耐熱皿內壁將焦糖蛋布丁劃開。

18　最後將耐熱皿倒扣在盤中，脫模即可。

亞爾薩斯
卡士達醬布丁
Crème pâtissière,
flan à l'alsacienne

製作卡士達醬

· 將牛奶和一半的砂糖放入鍋中 (1)，以中火加熱。

· 再將另一半的砂糖、麵粉、卡士達粉、2 個蛋倒入一個容器內 (2)。用打蛋器充分打勻 (3)。

· 把煮開的牛奶倒入其中，同時不停地攪拌 (4)。

· 把混合均勻的液體倒回牛奶鍋中 (5)，以中火加熱，同時要不停攪拌 (6)。

· 液體逐漸變稠 (7)，煮開之後即可關火。卡士達醬可保存在常溫下，再封上保鮮膜。

份量：4 人份
準備時間：20 分鐘
烹調時間：10 分鐘

重點工具
小烤盤 4 個
擠花袋 1 個

材料
卡士達醬
全脂牛奶 500ml
砂糖 120g
麵粉（滿滿）1 小匙
卡士達粉（大超市有售，或
玉米粉＋香草替代）40g
蛋 2 個

內餡
博斯科普蘋果 2 個
奶油 20g
糖漬橙皮絲 20g
橙味利口酒 20ml

1 將牛奶和一半的砂糖放入鍋中，以中火加熱。

2 將另一半砂糖、麵粉、2 個蛋倒入一個容器內。

3 用打蛋器充分打勻，打到滑順為止。

4 把煮開的牛奶倒入其中，同時不停地攪拌。

5 把混合均勻的液體再倒回牛奶鍋中。

6 以中火加熱，同時不停攪拌。

7 煮到變黏稠，煮開後立刻停止加熱。常溫保存。

亞爾薩斯
卡士達醬布丁
Crème pâtissière,
flan à l'alsacienne

製作內餡

· 將蘋果去皮，去核。縱向切成 2 瓣。

· 再切成 8 片 (8)。

· 在煎鍋中放入奶油，加熱。待奶油融化後，放入切好的蘋果片和糖漬橙皮絲 (9)。翻炒，直到所有材料都被奶油裹住。

· 蓋上鍋蓋 (10)，煮 5 分鐘。直到蘋果變軟，表面上色。

· 蘋果煮熟後，倒入橙味利口酒 (11)，讓它燒起來。

· 然後關火。

· 將烤箱溫度預熱至 220°C。

· 把煮熟的蘋果平均分配到 4 個小烤盤中 (12)。

· 利用擠花袋（或者直接用餐勺），把卡士達醬擠在蘋果上面，與小烤盤邊緣齊高 (13)。

· 放入烤箱烤幾分鐘，直到表面上色即可。

· 從烤箱取出後，放涼食用。

8　蘋果去皮，去核，切成 8 片。

9　在煎鍋中放入奶油，加熱。待奶油融化後，放入切好的蘋果片和糖漬橙皮絲，翻炒。

10　蓋上鍋蓋，煮 5 分鐘。

11　倒入橙味利口酒，使其燃燒。

12　把煮熟的蘋果平均分配到 4 個小烤盤中。

13　烤盤上面用卡士達醬蓋住。放入 220°C 的烤箱內烤幾分鐘，直到其表面上色即可。

萊姆香草火燒焦糖布丁

Crème brûlée vanille au zeste de citron vert

- 將香草豆莢縱向剖開，用小刀尖把裡面的籽刮下來 (1)。

- 牛奶倒入鍋中，加入香草豆莢與香草籽 (2)，以中火煮開。煮開後關火，放 10 分鐘。

- 利用這段時間，將蛋黃放入一個容器內 (3)。

- 加入砂糖，用打蛋器打勻 (4)，直到砂糖完全融化在蛋黃裡 (5)。

份量：4 人份
準備時間：20 分鐘
烹調時間：1 小時 15 分鐘

重點工具
小烤盤 4 個
噴火槍 1 個

材料
大溪地香草豆莢 2½ 根
全脂牛奶 250ml
蛋黃 5 個
砂糖 70g
全脂淡奶油 250g
萊姆 ½ 個

收尾
紅砂糖 100g

1　將香草豆莢縱向剖開，取小刀，以刀尖把裡面的籽全部都刮下來。

2　牛奶倒入鍋中，加入香草豆莢與香草籽，以中火煮開。煮開後關火，靜置備用。

3　將蛋黃放入一個容器內。

4　加入砂糖，攪拌。

5　直到砂糖完全融化在蛋黃裡即可，但是不要打過頭造成蛋黃變白。

萊姆香草火燒焦糖布丁

Crème brûlée vanille au zeste de citron vert

· 將烤箱預熱至 100°C。

· 在蛋黃中加入淡奶油 (6)，拌勻 (7)。

· 再倒入放涼的香草牛奶 (8)，再次拌勻 (9)。

· 萊姆皮切成細絲，在每個小烤盤內放幾根。

· 用一只小湯勺，將之前做好的布丁液平均分配到每個小烤盤中 (10)。

· 放入烤箱，烤 1 小時 15 分鐘（依模具大小決定時間長短）。當小烤盤中的混合液輕微搖動，就表示烤熟了。

· 將烤熟的布丁從烤箱取出，放涼。

收尾

· 利用細篩網，在布丁表面均勻篩上薄薄一層紅砂糖 (11)。

· 點燃噴火槍，用火燒布丁表面的紅砂糖 (12)。當紅砂糖融化變色後，再薄薄撒上一層紅砂糖 (13)，用火再燒一次 (14)。

· 立即食用。

Advice

· 一些知名餐館，遇到客人點火燒焦糖布丁，都是用噴火槍取代熱鐵板烤焦糖。這兩者做出來的布丁口味不太一樣，可能的話還是用噴火槍為佳。此外，也可以將布丁放入烤箱內烤出焦糖。

6 在蛋黃中加入淡奶油。

7 用打蛋器打勻。

8 然後倒入放涼的香草牛奶,再攪拌。

9 所有材料混合攪拌均勻。

10 萊姆皮切成細絲,每個小烤盤內放幾根。取一只小湯勺,將之前做好的布丁液平均分配到每個小烤盤中。放入 100°C 的烤箱,烤 1 小時 15 分鐘,烤熟後,取出放涼。

11 利用細篩網,在布丁表面均勻地撒上薄薄一層紅砂糖。

12 點燃噴火槍,以火燒布丁表面的紅砂糖。

13 再次撒上一層紅砂糖。

14 用火再燒一次,即可食用。

希布斯特奶油布丁

Crème Chiboust au citron

- 用一把鋒利的小刀（或去皮刀），將梨去皮 (1)。
- 縱向切成 4 塊 (2)，去核。
- 在煎鍋中倒入 30g 砂糖，以中火加熱 (3)。
- 當砂糖快要變成焦糖色時，改小火。梨塊入鍋 (4)，煮 1～2 分鐘後翻面 (5)。
- 直到梨塊變軟，表面裹上焦糖即可關火，常溫保存，備用。

製作希布斯特奶油醬

- 將吉利丁片放入冷水中浸泡，直到變軟。
- 鍋中倒入奶油、水和檸檬皮碎，以中火加熱 (6)。
- 把蛋白和蛋黃分開。
- 在蛋黃中加入 25g 砂糖 (7) 和玉米粉 (8)。
- 充分打匀 (9)。

Advice

- 甜點經常用到吉利丁片，全世界的甜點師都用它來做奶油布丁、奶凍蛋糕、慕斯、棉花糖等等。另外，海藻膠也用在果凍類甜品中。

份量：6 人份
準備時間：25 分鐘
烹調時間：10 分鐘
放置時間：至少 30 分鐘

重點工具
小玻璃杯 6 個
擠花袋 1 個
平頭圓口擠花嘴 1 個

材料
焦糖
優質熟梨 2 個
砂糖 30g

希布斯特奶油醬
吉利丁片 3 片
全脂淡奶油 120g
水 2 大匙

黃檸檬（取皮碎）2 個
蛋 4 個
砂糖 25g ＋ 60g
玉米粉 10g

收尾
砂糖 70g

1 用小刀將梨去皮。

2 縱向把梨切成 4 塊，去核。

3 在煎鍋中倒入 30g 砂糖，以中火加熱，直到融化成為焦糖。

4 加入梨塊，煮 1 ～ 2 分鐘。

5 梨的一面上色後，翻轉，直到整塊梨的顏色統一，變軟，即可離火，備用。

6 鍋中倒入奶油、2 大匙水和檸檬皮碎，以中火加熱。

7 將 4 個蛋黃和砂糖放在一個容器內。

8 加入玉米粉。

9 充分打勻。

希布斯特奶油布丁

Crème Chiboust au citron

- 奶油煮開後，一半倒入蛋黃液中去打 (10)，混合均勻後，倒回奶油鍋中 (11)。
- 以中火加熱，邊煮 (12) 邊用打蛋器攪拌。直到混合液變稠，即可離火。
- 吉利丁片泡軟後瀝水，加入拌勻 (13)。
- 把蛋白倒入一個夠大的容器中，一邊打一邊倒入 60g 的砂糖 (14)，直到將蛋白打發，變濃稠為止。
- 將打發的蛋白取 ⅓ 倒入檸檬奶油醬中 (15)，用打蛋器攪拌 (16)，直到拌勻 (17)。再加入剩餘的打發蛋白 (18)，用橡皮刮刀拌勻。

組合

- 將做好的檸檬希布斯特奶油醬裝入擠花袋，擠在 6 個小玻璃杯底部，擠成球狀來固定梨塊。
- 在球狀的檸檬希布斯特奶油醬上放下煮熟的梨塊。
- 表面覆蓋檸檬希布斯特奶油醬 (19)。
- 把裝好材料的小玻璃杯放入冰箱冷藏 30 分鐘，使檸檬希布斯特奶油醬凝固定型。（可冷藏更久，如從早上到晚上。）

收尾

- 食用前，將 70g 砂糖放入鍋中加熱，直到成為深棕色的焦糖，即可離火。
- 利用餐勺，將焦糖淋在希布斯特奶油布丁上。

10 奶油煮開後，取一半倒入蛋黃液中，不停地打。

11 攪拌均勻後，再將奶油倒回鍋中。

12 以中火加熱，邊煮邊攪拌。

13 當混合液變稠，即可離火。加入泡軟的吉利丁片。

14 打蛋白，同時慢慢倒入 60g 的砂糖續打。

15 蛋白打發，取⅓加入檸檬奶油醬中。

16 大力地攪拌。

17 直到打勻，混合物變很細。

18 再加入剩餘的打發蛋白，用橡皮刮刀輕輕拌勻。

19 組合：在玻璃杯底部擠上一點檸檬希布斯特奶油醬，放上煮熟的梨塊，表面再覆蓋一層檸檬希布斯特奶油醬，冷藏。食用之前，將焦糖淋在表面裝飾即可。

大黃杏仁奶凍
Verrine au lait d'amande

· 將用於製作果醬和奶油醬的吉利丁片，分別放入 2 個裝有冷水的容器內浸泡，讓吉利丁變軟。

· 草莓去梗，每個切成 4 瓣，備用。

製作大黃果泥

· 把大黃塊放入厚底鍋中，加入砂糖 (1)。

· 再放入草莓塊、丁香和剖開的香草豆莢及刮下的香草豆莢籽 (2)。

· 檸檬榨汁，用細篩網過濾到鍋中 (3)。

· 以中火加熱，同時用木勺攪拌 (4)。

· 鍋中材料煮熟後，加入 2 片瀝水的吉利丁片 (5)，拌勻。

· 把做好的果泥倒入一個乾淨的容器中，放涼，冷藏。

份量：8 個小玻璃杯
準備時間：20 分鐘
烹調時間：20 分鐘
放置時間：至少 2 小時

材料

杏仁奶油醬
吉利丁片 2.5 片（5g）
全脂牛奶 100ml
優質杏仁奶（或杏仁糖漿）
150ml
全脂淡奶油 250g

大黃果泥
吉利丁片 2 片
草莓 100g
大黃塊（新鮮或冷凍）
500g
砂糖 80g
丁香 2 個
香草豆莢 1 根
檸檬 1 個

1　把大黃塊放入厚底鍋中，加入砂糖。

2　接著加入草莓塊、丁香和剖開的香草豆莢及刮下來的香草豆莢籽。

3　擠入檸檬汁。

4　以中火加熱，同時用木勺不停地攪拌。

5　鍋中材料煮熟後，加入瀝乾的吉利丁片，攪拌均勻。放入冰箱冷藏。

大黃杏仁奶凍
Verrine au lait d'amande

製作杏仁奶油醬

· 鍋中倒入全脂牛奶，以中火煮開 (6)。

· 加入瀝乾水分的吉利丁片，攪拌 (7)。

· 離火，倒入杏仁糖漿，不停地攪拌 (8)。

· 冷卻降溫，直到與體溫差不多。

· 將淡奶油打發，打至順滑。

· 杏仁牛奶變涼後，加入打發的奶油，不停地攪拌 (9)。

· 輕輕拌勻後 (10)，備用。

組合

· 用一把餐勺，把大黃果泥裝入8個小玻璃杯中，每個小玻璃杯中只裝到一半，注意不要把丁香和香草豆莢裝入小玻璃杯中 (11)。

· 大黃果泥上面加入杏仁奶油醬 (12)。

· 把裝好材料的小玻璃杯放入冰箱，至少冷藏 2 小時。

收尾

· 準備一杯甜薄荷茶，在冷藏好的杏仁奶凍上淋 2 ～ 3 小匙即可。

6　將牛奶以中火加熱煮開。

7　然後加入泡軟、瀝乾水分的吉利丁片。

8　鍋離火，倒入杏仁糖漿，同時不停地攪拌。

9　杏仁牛奶變涼後，加入打發的奶油，攪拌。

10　直到拌勻即可停止。

11　將大黃果泥裝入小玻璃杯中，每杯只裝到一半的量。

12　在大黃果泥上加入杏仁奶油醬，抹平。放入冰箱，至少冷藏 2 小時。

白巧克力奶凍
Verrine chocolat blanc

· 將吉利丁片放入冷水中浸泡，直到變軟。

· 把白巧克力切碎，裝入一個容器中。

· 將牛奶倒入鍋中，以中火加熱，煮開後離火。加入一個蛋黃 (1)，攪拌 (2)。

· 再把鍋放到火上，以小火加熱，並用木勺輕輕攪拌 (3)。

· 直到液體變稠，成為英式奶油醬 (4)。

· 這時即可離火，加入泡軟、瀝乾水分的吉利丁片 (5)。

份量：4 個小玻璃杯
準備時間：20 分鐘
放置時間：至少 2 小時

材料

巴伐利亞奶油醬

吉利丁片 1 片
白巧克力 125g
全脂牛奶 125ml
大蛋黃 1 個
全脂淡奶油 190ml

收尾

覆盆子（250g）2 小盒
粉紅葡萄柚 2 個

＊這份食譜裡面並未使用砂糖，
因為白巧克力就含糖分，如果再
加入砂糖就過甜了。

1 將牛奶煮開，加入一個蛋黃。

2 充分拌勻。

3 以小火加熱，並用木勺輕輕地
攪拌。

4 直到液體變濃稠，做成英式奶
油醬。

5 鍋離火，加入泡軟、瀝乾水分
的吉利丁片。

白巧克力奶凍
Verrine chocolat blanc

· 把熱奶油醬全部倒入白巧克力碎中 (6)，放置 5 分鐘，讓巧克力慢慢融化 (7)，然後攪拌 (8)。直到所有材料攪拌均勻，質地順滑即可，備用。利用這段時間，把全脂淡奶油打發。

· 將全脂淡奶油倒入一個夠大的容器中，不停地打直到打發（表面順滑光亮）為止 (9)。

· 把打發的奶油倒入放涼的白巧克力奶油醬中，但是白巧克力奶油醬也不要過涼（如果過涼，放在微火上稍微加熱即可）(10)。用橡皮刮刀輕輕將材料混合均勻 (11)。

· 把覆盆子均勻放在 4 個小玻璃杯底部 (12)。

· 利用湯匙或餐匙，把白巧克力奶油醬倒入小玻璃杯中 (13)。

· 輕輕拍打小玻璃杯底部，讓杯中的材料變密實，表面平整光滑。再放入冰箱，至少冷藏 2 小時。

收尾

· 最後，將粉紅葡萄柚去皮，取出每瓣的肉。

· 放在吸水紙上，吸乾表面水分後，放在白巧克力奶凍表面，即可食用。

6 把熱奶油醬全部倒入白巧克力碎中。

7 靜置 5 分鐘，不要攪拌，使白巧克力融化。

8 用木勺將混合的材料拌勻，直到混合物順滑而無顆粒。

9 將全脂淡奶油打發。

10 把打發的奶油倒入白巧克力奶油醬中。

11 用橡皮刮刀攪拌均勻。

12 把覆盆子放在小玻璃杯底部。

13 裝入白巧克力奶油醬，輕輕拍打小玻璃杯底部，使裡面的材料變緊實，表面平整光滑。放入冰箱，至少冷藏放置 2 小時。

義式百香果香草奶凍
Panacotta vanille Passion

- 準備所需材料：奶油、砂糖、吉利丁片、香草豆莢、水和百香果果汁 (1)。

- 將吉利丁片浸泡在冷水中。

- 用小刀將香草豆莢橫向切成兩半，再縱向剖開，用刀尖把內部的香草豆莢籽刮下 (2)。

- 將全脂淡奶油倒入鍋中，以中火加熱。加入香草豆莢與香草籽，倒入砂糖，同時攪拌 (3)。

- 用篩子將泡軟的吉利丁片瀝乾水分 (4)，倒入熱奶油中，不停地攪拌 (5)。

- 將煮好的香草奶油醬過濾到準備好的玻璃器皿中 (6)。

- 食用前，至少要冷藏 3 小時。

- 利用這段時間，準備製作百香果焦糖汁。

製作百香果焦糖汁

- 在厚底鍋中放入砂糖、½ 根香草豆莢與香草籽 (7)。

- 以中火加熱，直到砂糖變成棕色焦糖 (8)。

- 改小火，一點一點慢慢倒入百香果果汁 (9)，稀釋焦糖。然後倒入礦泉水，放在火上加熱收汁 2 分鐘。最後用細篩網過濾 (10)，即可。

- 熬好的百香果焦糖汁放涼，食用前淋在香草奶凍上，即可品嘗。

份量：4 人份

準備時間：20 分鐘

香草卡士達醬放置時間：

至少 3 小時

材料

香草奶油醬

吉利丁片（5g）2.5 片

香草豆莢 1 根

全脂淡奶油 500ml

砂糖 75g

百香果焦糖汁

砂糖 50g

百香果果汁（新鮮或冷凍）50ml

礦泉水 50ml

1　準備所需材料：奶油、砂糖、吉利丁片、香草豆莢、水和百香果果汁。

2　把香草豆莢剖開後，用刀尖把內部的籽刮下來。

3　將淡奶油加熱，加入砂糖和香草豆莢與香草籽。

4　將泡軟的吉利丁片瀝乾水分。

5　然後加到熱香草奶油中。

6　把煮好的香草奶油醬倒入玻璃器皿中，放入冰箱，至少冷藏 3 小時。

7　在厚底鍋中放入砂糖、½ 根香草豆莢與香草籽。

8　以中火加熱，直到砂糖變成棕色焦糖。

9　改小火，一點一點慢慢倒入百香果果汁。然後倒入礦泉水。

10　最後用細篩網過濾，放涼。

橙味小麥奶凍

Crème de semoule parfum d'agrumes

· 準備所需材料:柳橙、檸檬、香草豆莢、全脂牛奶、砂糖、奶油、精製小麥粉和全脂淡奶油 (1)。

製作香橙奶油醬

· 檸檬皮 (2) 和柳橙皮 (3) 磨碎。用小刀把香草豆莢剖開,刮下裡面的香草籽,備用 (4)。

· 將牛奶倒入厚底鍋中,加入砂糖 (5)。

份量：4 人份	
準備時間：15 分鐘	
烹調時間：15 分鐘	
放置時間：2 小時左右	

材料

香橙奶油醬

檸檬 1 個＋柳橙 1 個

香草豆莢 1 根

全脂牛奶 250ml

砂糖 15g

奶油 10g

精製小麥粉 50g

全脂淡奶油 80g

杏桃果泥

大顆杏桃 150g

砂糖 50g

香草豆莢 ½ 根

1　準備所需材料：柳丁、檸檬、精製小麥粉、香草豆莢、砂糖、全脂牛奶、全脂淡奶油，以及奶油。

2　檸檬皮磨碎。

3　柳橙皮磨碎。

4　用小刀將香草豆莢剖開，刮下裡面的香草籽，備用。

5　將牛奶和砂糖倒入鍋中。

橙味小麥奶凍

Crème de semoule parfum d'agrumes

- 鍋中再加入奶油 (6)、檸檬皮碎、柳橙皮碎和香草豆莢籽 (7)。

- 中火加熱，直到煮開後，撒入精製小麥粉，拌勻 (8)。

- 當小麥粉吸水膨脹，液體變得軟黏稠 (9)，即可離火。

- 放入冰箱，冷藏一會兒。

- 冷藏降溫後，加入打發的奶油 (10)，輕輕攪拌均勻 (11)。

- 把做好的橙味小麥奶油醬平均裝入 6 個小罐內，然後放入冰箱，至少冷藏 2 小時。

- 利用這段時間，準備製作杏桃果泥。

製作杏桃果泥

- 將杏桃、砂糖和 ½ 根香草豆莢放入鍋中，以中火加熱 5 分鐘，直到杏桃煮爛為止 (12)。

- 倒入一個乾淨的容器內，放涼。

- 將橙味小麥奶凍從冰箱取出，搭配杏桃果泥一起食用。

6 鍋中加入奶油。

7 再加入檸檬皮碎、柳橙皮碎和香草豆莢籽，煮至微滾。

8 撒入精製小麥粉，攪拌均勻。

9 這是小麥粉煮熟後的樣子。然後離火，放涼。

10 倒入打發的奶油。

11 輕輕攪拌均勻，裝入器皿中，放入冰箱冷藏。

12 把杏桃、砂糖和香草豆莢放入鍋中，以中火加熱，煮 5 分鐘左右即可。然後離火，放涼。

蜜餞布丁
Crème diplomate

· 用鋸齒刀將奶油蛋糕切成 1.5 公分的厚片 (1)。

· 再將蛋糕片切成小方丁 (2)。

· 找一個較大的容器，將蛋與蛋黃混合，加入砂糖 (3)，攪拌。

· 倒入橙味利口酒 (4)。

· 再慢慢倒入牛奶，同時不停地攪拌 (5)。拌勻，備用。

份量：6 人份
準備時間：15 分鐘
烹調時間：1 小時

蛋糕工具
獨立烤模（或小罐）8 個

材料　　　　　　　模具用
奶油蛋糕 240g　　奶油 40g
蛋黃 4 個　　　　　砂糖 100g
蛋 4 個
砂糖 300g
橙味利口酒 10g
全脂牛奶 1000ml
糖漬橙皮 50g

1 以鋸齒刀將奶油蛋糕切成一塊
塊厚片。

2 然後再切成小方丁。

3 將蛋與蛋黃混合，加入砂糖，
攪拌均勻。

4 然後倒入橙味利口酒。

5 再慢慢地的倒入牛奶，同時還
要不停地攪拌。

蜜餞布丁

Crème diplomate

- 烤箱預熱至 180°C。

- 準備模具:將 40g 的奶油放入一個小鍋中加熱融化,或將奶油放入微波爐中加熱融化。刷子蘸奶油,在模具的內壁輕輕刷上一層奶油 (6)(也可用烘焙紙蘸奶油,在模具內壁抹上一層奶油)。將砂糖(100g)倒入模具中,轉動模具,讓砂糖完全黏在模具內壁的奶油上,再倒出多餘的砂糖 (7)。

- 模具的內壁應該沾滿砂糖 (8)。

- 將奶油蛋糕塊裝滿模具的⅔ (9),輕輕按壓。

- 糖漬橙皮切成小丁 (10),撒在奶油蛋糕塊上 (11)。

- 以湯勺把牛奶混合液倒入每個模具內 (12)。

- 奶油蛋糕塊會像海綿一樣吸收牛奶混合液,所以需要再倒一點進去,才能將奶油蛋糕塊完全浸覆 (13)。

- 裝好後,取一個烤盤,裝少許冷水,將模具放入,就像燉鍋的效果 (14)。

- 放入烤箱,烤 1 小時左右。

- 烤熟後,放涼即可食用。

Advice

- 在燉烤過程中,需要檢查蜜餞布丁的熟度,就用一把小刀,插入蜜餞布丁中間,拔出小刀後,如果刀身上黏有殘餘,表示還要繼續烤。

6 用刷子在模具內壁輕輕刷上一層融化的奶油。

7 倒入砂糖,讓砂糖黏在奶油上,再倒出多餘的砂糖。

8 這是理想的效果。

9 將奶油蛋糕塊裝滿模具的⅔。

10 將糖漬橙皮切成小丁。

11 把糖漬橙皮丁平均放入每個模具中。

12 用湯勺把牛奶混合液倒入每個模具內。

13 等模具內的奶油蛋糕膨脹後,再放入烤箱。

14 把所有的模具罐放入一個裝有少許冷水的烤盤中。放入烤箱,烤 1 小時左右。

小罐奶油布丁
Petits pots de crème

· 將烤箱預熱至 80°C。

· 首先調製茶味奶油布丁混合液：將牛奶和淡奶油倒入鍋中 (1)，以中火加熱。

· 把蛋黃和砂糖混合，攪拌均勻 (2)，不要打過頭而致蛋液變白。

· 將牛奶和淡奶油混合液煮開後，關火，倒入茶葉 (3)，攪拌 (4)，浸泡 10 分鐘左右。

· 茶浸泡好後，將奶茶（需完全放涼）倒入蛋黃中 (5)。攪拌均勻 (6)，然後用細篩網過濾 (7)。茶味奶油布丁的混合液就算做好了 (8)。

份量：8 個小罐

準備時間：15 分鐘

烹調時間：1 小時 30 分鐘

重點工具

獨立烤模（小罐）8 個

材料

基礎混合液

全脂牛奶 250ml

全脂淡奶油 250g

蛋黃 5 個

砂糖 85g

增香調味

茶：建議使用波士頓茶

香草：香草豆莢 2 根

咖啡：研磨咖啡 20g ＋即溶咖啡 2g

1　將牛奶和淡奶油倒入鍋中，以中火加熱。

2　把蛋黃和砂糖混合，拌勻。

3　牛奶和淡奶油混合液煮開後，關火，倒入茶葉。

4　輕輕攪拌均勻，浸泡 10 分鐘。

5　然後倒入蛋黃中。

6　打勻。

7　用細篩網濾掉茶葉。

8　這就是茶味奶油布丁混合液的最佳狀態。

小罐奶油布丁
Petits pots de crème

製作香草奶油布丁混合液

· 將牛奶和淡奶油放入鍋中,加入剖開的香草豆莢及刮下的香草籽 (9)。

· 中火加熱,煮開後,讓香草豆莢浸泡 10 分鐘。

· 將蛋黃和砂糖放入一個較大的容器內 (10),攪拌均勻。倒入煮好的香草奶油混合液 (11),同時把香草豆莢揀出,輕輕打勻。

· 最後,用湯勺舀取茶味奶油布丁混合液和香草奶油布丁混合液,裝入烤模中 (12)。這是裝好後的樣子 (13)。然後放入 90°C 的烤箱中,烤 1.5 小時。烤熟後,放涼食用。

Advice

· 如果要做咖啡奶油布丁,只需要將茶葉換成咖啡即可,步驟皆同。

9 將牛奶、淡奶油和剖開的香草豆莢及刮下的香草籽一起煮開,然後讓香草豆莢浸泡 10 分鐘。

10 將蛋黃和砂糖攪拌均勻。

11 香草奶油混合液放涼後倒入蛋黃中,攪拌。

12 將做好的茶味奶油布丁混合液和香草奶油布丁混合液倒入小罐中。

13 這是裝好的樣子。放入 90°C 的烤箱,烤 1.5 小時即可。

卡布奇諾奶油布丁
Verrine cappuccino

- 將牛奶和淡奶油倒入鍋中，加入 1 大匙咖啡 (1)。以中火加熱，並且攪拌 (2)。將蛋黃放入一個容器內，加入砂糖，打勻 (3)。

- 把咖啡奶油混合液煮開後，即可倒入蛋黃中，同時不停地攪拌 (4)。

- 攪拌均勻後，倒回鍋中加熱，直到混合液逐漸變稠，像英式奶油醬一樣潤滑，沒有顆粒凝結（這時溫度約為 82℃）(5)。

- 咖啡奶油醬煮好後，離火。一半倒入切碎的牛奶巧克力中 (6)，從中心處開始攪拌，將牛奶巧克力融化。

- 再倒入剩下另一半咖啡奶油醬 (7)，攪拌均勻 (8)。

- 直到咖啡巧克力奶油醬變潤滑為止。然後倒入預先準備的小玻璃杯中，放入冰箱，至少冷藏 3 小時 (9)。

收尾

- 食用前，將血橙去皮，橫向切成 4 公釐厚的薄片。

- 在淡奶油裡加入糖粉，打發成鮮奶油。

- 最後，用小勺將鮮奶油舀到卡布奇諾奶油布丁的表面，上面放一片血橙，即可食。

份量：6 個小玻璃杯
準備時間：15 分鐘
放置時間：至少 3 小時

材料
全脂奶油 150ml
全脂淡奶油 150g
即溶咖啡 1 大匙
蛋黃 3 個
砂糖 30g
牛奶巧克力（切碎）180g

收尾
血橙 1 個
全脂淡奶油 100ml
糖粉 15g

1 將牛奶和淡奶油倒入鍋中，加入 1 大匙咖啡。

2 以中火加熱，一邊用打蛋器攪拌均勻。

3 將蛋黃放入一個容器內，加入砂糖，打勻。

4 將煮開的咖啡奶油混合液倒入蛋黃中，不停地攪拌。

5 攪拌均勻後，倒回鍋中繼續加熱，直到變稠，像英式奶油醬一樣，即可離火。

6 將一半的咖啡奶油醬倒入切碎的牛奶巧克力中。

7 攪拌均勻後，再倒入另一半咖啡奶油醬。

8 再繼續拌勻。

9 最後，倒入預先準備的小玻璃杯中，然後放入冰箱，至少冷藏 3 小時。食用前，配上鮮奶油和血橙片即可。

221

白黴乳酪奶油布丁
Crème de fromage blanc

- 準備所需材料：白黴乳酪、蛋、檸檬、砂糖、吉利丁片和全脂淡奶油 (1)。

- 把吉利丁片放入冷水中浸泡，泡軟。

- 蛋黃打入一個容器中 (2)，再加入砂糖 (3)。

- 用打蛋器用力打 (4)，直到打發，充滿白色小氣泡 (5)。

- 泡軟的吉利丁片瀝乾水分，放入一個容器內。用微波爐或蒸鍋隔水加熱，直到融化後，加入 1 大匙檸檬汁 (6)。

- 倒入打發的蛋黃中。

份量：6 人份
準備時間：20 分鐘
放置時間：至少 2 小時

重點工具
圓底碗形模具 6 個

材料
吉利丁片（6g）3 片
蛋黃 2 個
砂糖 100g
檸檬汁 1 大匙
優質白黴乳酪（含 40% 乳脂肪）250g
檸檬皮碎
全脂淡奶油 300g

收尾
無花果醬 200g
水 1 大匙

1 準備所需的材料：白黴乳酪、蛋、檸檬、砂糖、吉利丁片和全脂淡奶油。

2 將蛋白和蛋黃分開，蛋黃放在一個容器內。

3 在蛋黃中加入砂糖。

4 用力攪拌。

5 直到將蛋黃打發，變成淺黃色即可。

6 泡軟的吉利丁片瀝乾水分，放入容器內。用微波爐或蒸鍋中隔水加熱，至融化。然後加入 1 大匙檸檬汁，充分拌勻。

白黴乳酪奶油布丁

Crème de fromage blanc

- 再加入白黴乳酪 (7)，用打蛋器不停地打。

- 然後加入檸檬皮碎，再拌 (8)。

- 以打蛋器打淡奶油，直到微微起泡。

- 即可加入之前混合好的白黴乳酪蛋黃醬中 (9)。

- 用橡皮刮刀輕輕攪拌，混合均勻 (10)。

- 用小湯勺將做好的白黴乳酪奶油醬倒入圓底的碗形模具中 (11)。（也可選用其他獨立的小型模具。）

- 然後放入冰箱，至少冷藏 2 小時。

收尾

- 利用白黴乳酪奶油布丁冷凍期間，把無花果醬和水倒入鍋中加熱，融化並稀釋果醬。

- 用刀尖插入每個白黴乳酪奶油布丁 (12)，將布丁從模具中取出，再蘸上稀釋後的無花果醬 (13)。

- 瀝乾白黴乳酪奶油布丁表面多餘的果醬，放到盤中 (14)。

- 再放入冰箱冷藏 1.5 小時，直到布丁慢慢解凍。

- 即可品嘗食用。

Advice

- 如果使用獨立的小型模具，需要在冰箱冷凍至少 2 小時。取出後，不用脫模，直接在白黴乳酪奶油布丁倒一層稀釋後的果醬即可。

7 加入白黴乳酪，攪拌均勻。

8 再加入檸檬皮碎。

9 淡奶油打發後，加入之前混合好的白黴乳酪蛋黃醬中。

10 用橡皮刮刀輕輕攪拌。

11 用一支小湯勺，將做好的白黴乳酪奶油醬舀入圓底的碗形模具中。然後放入冰箱，至少冷凍 2 小時。

12 用刀尖插入每個白黴乳酪奶油布丁，從模具中將布丁取出。

13 每個布丁蘸上用水加熱稀釋的無花果醬。

14 瀝乾白黴乳酪奶油布丁表面多餘的果醬。

乳酪蛋糕布丁
Crème de cheesecake

- 烤箱預熱至 170°C。

- 準備製作沙酥麵團：將奶油、砂糖和麵粉放在工作檯上 (1)，以手揉麵 (2)，直到揉成小塊的沙布蕾麵團，平均放在鋪有烘焙紙的烤盤上 (3)。

- 放入 170°C 烤箱，烤 10 分鐘。取出放涼，備用。

- 準備製作乳酪蛋糕布丁：將奶油放入鍋中，微火加熱 (4)，輕輕地攪拌，直到奶油呈膏狀即可 (5)。

- 關火後，將砂糖和蛋倒入鍋中 (6)，用打蛋器打勻，但不要打到起泡。

- 然後加入鮮乳酪 (7)，大力打 (8)。

- 直到全部材料混合均勻，鮮乳酪蛋醬順滑而無顆粒 (9)。

- 取出 100g 鮮乳酪蛋醬，備用。剩餘的裝入小罐中 (10)，裝⅔的量即可。

- 放入 170°C 的烤箱內，烤 15 分鐘左右。

- 乳酪蛋糕布丁烤熟後，從烤箱取出。這時乳酪蛋糕布丁的中央會有凹陷：再把之前預留的 100g 鮮乳酪蛋醬，平均分配到每一罐中。放入烤箱續烤 5 分鐘。

- 完全烤熟後，在室溫下放涼（避免放入冰箱降溫）。

收尾

- 將烤熟的小粒沙酥圍在乳酪蛋糕布丁周圍，中間倒入草莓醬，表面撒上糖粉，即可食用。

份量：4 人份
準備時間：20 分鐘
烹調時間：30 分鐘

重點工具
耐高溫小罐 4 個

材料

脆糖片

奶油丁 50g
砂糖 50g
麵粉（過篩）75g

乳酪蛋糕布丁

奶油（室溫回軟）125g
砂糖 135g
蛋 3 個
乳酪 250g（建議使用 Philadelphia cream cheese，或 Saint-Moret，或奇銳乳酪 Kiri）

收尾

草莓 10 個（製作草莓醬，或 100g 冷凍草莓醬）
糖粉 20g

1　將奶油、砂糖和麵粉放在工作檯上，先用手指揉捏材料。

2　再用整隻手揉成沙布蕾麵團。

3　將揉成小塊的沙布蕾麵團，平均放在鋪有烘焙紙的烤盤上。放入烤箱內烤 10 分鐘。

4　將奶油放入鍋中，微火加熱，並用打蛋器輕輕攪拌。

5　直到奶油呈膏狀，即可離火。

6　加入蛋和砂糖，輕輕攪拌。

7　倒入乳酪。

8　大力打，攪拌均勻。

9　直到混合均勻且順滑。

10　平均裝入 4 個小罐中，放入烤箱中烤 15 分鐘。

優酪乳布丁
Verrine de yaourt

- 將吉利丁片放入冷水盆中,浸泡變軟。

- 以磨泥器將 2 個柳橙磨皮,取碎末。再把柳橙切成兩半,用榨汁機榨取柳橙汁 (1)。

- 將杏仁膏切成小塊,與橙汁和橙皮碎一起放入鍋中 (2)。

- 再倒入糖粉 (3),以小火加熱,同時用打蛋器攪拌 (4)。

- 所有的材料融化後,加入泡軟且瀝乾水分的吉利丁片,攪拌。

- 倒入優酪乳 (5),與鍋中的材料混合均勻 (6)。離火,讓橙味優酪乳醬降溫。

- 將淡奶油打勻,直到打發且充分膨脹 (7)。

- 當橙味優酪乳醬的溫度下降(稍高於體溫),加入打發的奶油 (8),用橡皮刮刀不停地攪拌 (9)。

- 攪拌均勻後,平均分配到小罐中 (10)。

- 放入冰箱,至少冷藏 2 小時。

裝飾

- 柳丁去皮,取出每瓣橙肉。

- 用吸水紙輕輕吸乾表面水分,放在優酪乳布丁的表面,擺漂亮,即可品嘗。

份量：4 個小罐
準備時間：20 分鐘
放置時間：至少 2 小時

材料
吉利丁片 3 片
柳橙（榨汁）2 個
杏仁膏 50g
糖粉 60g
優質優酪乳 170g
全脂淡奶油 120g

裝飾
柳橙 2 個

1. 柳橙磨皮取細末，果肉榨汁，放到容器內。

2. 杏仁膏切成小塊，與橙汁和橙皮碎一起放入鍋中。

3. 加入糖粉，攪拌。

4. 以小火加熱，同時用打蛋器攪拌。杏仁膏融化後，加入泡軟、瀝乾水分的吉利丁片。

5. 加入優酪乳。

6. 混合均勻。離火，讓橙味優酪乳醬降溫。

7. 將淡奶油打勻，直到打發且充分膨脹。

8. 橙味優酪乳醬降溫後，加入打發的奶油，用橡皮刮刀不停地攪拌。

9. 輕輕地攪拌。

10. 攪拌均勻後，平均分配到小罐中。放入冰箱，至少冷藏 2 小時。食用前裝飾即可。

草莓提拉米蘇
Tiramisú aux fraises

· 用 200g 草莓製作草莓醬:每個草莓切成兩半,放入攪拌碗內,再放入水、糖粉和 ½ 個檸檬榨得的汁,把材料打碎即可,宜避免液體內部充滿過多的空氣而變白。

· 將草莓醬過濾到一個深底平盤中,置陰涼處備用。

製作馬斯卡彭乳酪醬

· 將蛋白和蛋黃分開 (1),放到不同容器內。

· 在蛋黃內加入一半的砂糖 (2),大力打勻 (3),直到蛋黃充滿氣泡,顏色變成淺黃即可停止。

· 然後加入馬斯卡彭乳酪 (4),打至表面光滑備用 (5)。

· 打蛋白 (6),慢慢將剩餘的另一半砂糖加入。打到蛋白打發,變濃稠為止 (7)。

· 打發的蛋白一半加入馬斯卡彭乳酪醬內 (8),用打蛋器輕輕攪拌。

· 再加入另外一半打發的蛋白 (9) 攪拌,直到拌勻且充滿空氣 (10)。

份量：5 人份
準備時間：20 分鐘
放置時間：至少 2 小時

材料
蛋 3 個
砂糖 100g
優質馬斯卡彭乳酪 375g

草莓醬
草莓（去梗）600g
冷水 2 大匙
糖粉 1 大匙
檸檬（榨汁）½ 個

長條餅乾
（建議用專業甜品店製作的）10 個
砂糖 80g
食用紅色素少許

1　將蛋白和蛋黃分開。

2　將蛋黃和一半的砂糖混合，用打蛋器攪拌。

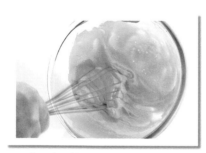
3　打到蛋黃充滿氣泡，顏色變成淺黃即可。

4　然後加入馬斯卡彭乳酪。

5　攪拌至絲滑，備用。

6　打蛋白，同時慢慢加入另外一半砂糖。

7　不停地打，直到將蛋白打發變得濃稠。

8　將一部分打發的蛋白加入馬斯卡彭乳酪醬裡，攪拌。

9　然後再加入剩餘的打發蛋白，輕輕攪拌。

10　攪拌後的理想狀態。

草莓提拉米蘇
Tiramisú aux fraises

組合

· 將長條餅乾放入草莓醬中 (11) 浸泡 5 分鐘左右，然後抓著邊角，將餅乾翻面再蘸上草莓醬。

· 把所有浸泡過的長條餅乾橫切成 2 塊 (12)。

· 將草莓縱切成 2 塊，再縱向放在玻璃杯底部周圍 (13)。

· 用小勺或擠花袋將馬斯卡彭乳酪醬裝入玻璃杯底部 (14)。

· 上面放半塊浸泡過的餅乾，再蓋一層馬斯卡彭乳酪醬 (15)。

· 馬斯卡彭醬上再放一塊浸泡過的餅乾 (16)，澆上一勺草莓醬 (17)，撒上剩餘的草莓切成的小丁。

· 再用馬斯卡彭醬覆蓋滿整個玻璃杯 (18)，用抹刀將表面抹平 (19)。放入冰箱冷藏至少 2 小時，讓內部的各種材料香味充分混合。

· 最後，將砂糖和食用紅色素混合拌勻，撒在提拉米蘇的表面，即可食用。

11　將長條餅乾放入草莓醬中，浸泡 5 分鐘左右。

12　把長條餅乾橫切成 2 塊。

13　把切成半的草莓放在玻璃杯底部周圍，直立鋪成王冠形。

14　在玻璃杯底部擠上馬斯卡彭乳酪醬，擠成球形。

15　上面放半塊餅乾，表面用馬斯卡彭乳酪醬蓋住。

16　上面再放一塊餅乾。

17　澆上一勺草莓醬，撒上剩餘的草莓丁。

18　然後表面再蓋上馬斯卡彭乳酪醬。

19　用抹刀將表面抹平。放入冰箱至少冷藏 2 小時。

杏桃奶油布丁
Verrine d'abricot

- 將吉利丁片放入冷水盆中浸泡，直到變軟。

- 把杏桃放到一個容器內，撒上砂糖 (1)。

- 用食物調理棒將杏桃打碎 (2)，將杏桃肉打成泥為止。

- 倒入杏仁糖漿、杏仁碎和 2 大匙礦泉水，用攪拌器攪拌所有材料，打成杏桃醬即可，裡面會帶些小顆粒（這是杏仁碎）。

- 將杏桃醬放入鍋中，以微火加熱。待鍋中的醬燒熱後，加入泡軟後瀝乾水分的吉利丁片 (3)。

- 攪拌均勻即可離火，放涼。

- 將做好的杏桃醬倒入容器內 (4)，用橡皮刮刀不停地攪拌。

- 然後加入打發的鮮奶油 (5)，攪拌均勻 (6)。

- 用湯勺（或湯匙）舀取杏仁奶油醬 (7)，裝入 6 個玻璃杯中，然後放入冰箱冷藏至少 2 小時。

裝飾與收尾

- 將砂糖放入鍋中，中火加熱。直到砂糖融化變色，成為焦糖。加入奶油，停止加熱。

- 再把杏桃放入鍋中，讓它的表面輕微上色。不時翻轉杏桃，讓煮出來的杏汁裹住杏桃即可。

- 鍋離火，將煮好的杏桃放涼，然後放到杏桃奶油布丁表面，再撒上杏仁碎。

- 即可品嘗食用。

份量：6 個小玻璃杯
準備時間：15 分鐘
放置時間：至少 2 小時

材料
吉利丁片 2 片
去核杏桃（新鮮或冷凍，
勿使用杏仁糖漿）300g
砂糖 125g
杏仁糖漿 25g
去皮杏仁 60g
礦泉水 2 大匙

鮮奶油 300g

裝飾與收尾
砂糖 1 大匙
奶油 1 小塊
去核杏桃 10 個
去皮杏仁碎少許

1 把杏桃放到一個容器內，撒上砂糖。

2 用食物調理棒打碎，直到將杏桃肉打成果泥。

3 倒入杏仁糖漿、杏仁碎和 2 大匙礦泉水，用食物調理棒將所有材料打成杏桃泥。將杏桃泥倒入鍋中，放到爐上以小火加熱，然後放入泡軟的吉利丁片。鍋離火，放涼。

4 將做好的杏桃醬倒入容器內，不時攪拌。

5 加入鮮奶油。

6 用橡皮刮刀拌勻。

7 將杏仁奶油醬裝入 6 個玻璃杯中，然後放入冰箱冷藏至少 2 小時。取出裝飾即可。

百香果香蕉布丁
Crème Passion banane

· 準備所需材料：百香果果汁、香蕉、蛋、奶油和砂糖 (1)。

· 將百香果果汁與香蕉一起放入鍋中。用食物調理棒將香蕉打碎 (2)。

· 然後加入蛋繼續攪拌 (3)，再放入砂糖。

· 以中火加熱，不停地攪拌 (4)，直到快要煮開（90℃）。

· 鍋中的混合物會變濃稠。

· 果汁醬煮好即離火，否則容易黏底。

· 然後加入奶油，拌勻 (5)。

· 用攪拌器攪拌 1 分鐘左右，直到果醬變潤滑，表面光亮 (6)。

· 平均分配到小勺或小罐器皿中 (7)，放入冰箱冷藏至少 1 小時。

份量：4 人份
準備時間：20 分鐘
烹調時間：5 分鐘
放置時間：至少 1 小時

材料

百香果果汁（新鮮或冷凍）125g
香蕉果肉 160g
蛋 5 個
砂糖 90g
奶油 120g

五香脆麵餅

薄餅皮 2 張
奶油（加熱融化）40g

糖粉 20g
肉桂粉 ½ 小匙
四香粉 ½ 小匙

收尾與裝飾

糖粉 10g
香蕉 ½ 條

1. 準備所需材料：百香果果汁、香蕉、蛋、奶油和砂糖。

2. 將百香果果汁與香蕉一起放入鍋中。使用食物調理棒，將香蕉打碎。

3. 加入蛋和砂糖，一邊攪拌。

4. 將鍋中的混合物加熱至變濃稠，快要煮開時就離火。

5. 加入小塊的奶油。

6. 用食物調理棒攪拌 1 分鐘，打到變得潤滑，表面光亮。

7. 平均分配到小勺或器皿中，放入冰箱冷藏至少 1 小時。

百香果香蕉布丁
Crème Passion banane

- 利用這段時間,準備製作五香脆麵餅。

- 烤箱預熱至 200°C。

- 撕去保護薄餅皮表面的烘焙紙,將餅皮鋪放在工作檯上。

- 在每張薄餅皮表面刷上一層融化的奶油 (8)。

- 利用細篩網,將糖粉撒在麵皮上 (9),再撒上混合好的香料粉 (10)。

- 放入烤箱,烤 7 ~ 8 分鐘,取出放涼。

- 將烤熟的五香脆麵餅放在烘焙紙上,直接以披薩刀切成不規則長條 (11)。

收尾與裝飾

- 食用前,將五香脆麵餅條放在百香果香蕉布丁上。

- 撒上糖粉,放上香蕉片進行裝飾。

- 即食。

8 在薄餅表面刷上一層奶油。

9 撒上糖粉。

10 撒上肉桂粉及四香粉。

11 放入預熱至 200°C 的烤箱,烤
7 ～ 8 分鐘。然後在鋪上烘焙
紙的烤盤上,直接將脆麵餅切
成長條形。

小杯莓果奶油布丁
Verrine de fruits rouges

· 將莓果和砂糖一起倒入一個深底容器內，然後用食物調理棒將莓果打碎 (1)。

· 用細篩網過濾 (2)，取得 200g 的莓果泥。

· 取 100g 的淡奶油與莓果泥混合，用打蛋器拌勻 (3)。

· 加入剩餘的 300g 淡奶油 (4)，攪拌均勻 (5)。

· 將做好的莓果奶油裝入擠花袋，擠入小玻璃杯中 (6)。冷藏 1 小時左右。

製作果醬

· 準備製作裝飾水果醬 (7)：將草莓去梗，切成兩半。

· 將砂糖和醋栗放在一個容器內混合 (8)。

· 把切好的草莓塊放到細篩網上 (9)。

· 用一把小湯勺（或湯匙）擠壓草莓，壓出的汁液放到醋栗容器內 (10)。

· 攪拌均勻後，放到莓果奶油上。

· 即食。

份量：4 小杯
準備時間：15 分鐘
放置時間：1 小時

材料

莓果奶油
各類莓果（新鮮或冷凍）250g
砂糖 60g
全脂淡奶油 400g

果醬
草莓 100g
砂糖 10g
去梗醋栗 40g

1 將莓果和砂糖一起打碎。

2 用細篩網過濾，取得 200g 的莓果醬。

3 加入淡奶油。

4 加入打發的奶油。

5 用橡皮刮刀攪拌均勻。

6 裝入小玻璃杯中，放入冰箱冷藏 1 小時。

7 準備果醬材料：草莓、醋栗和砂糖。草莓去梗，切成兩半。

8 醋栗與砂糖混合。

9 將草莓放入細篩網中。

10 用小湯匙擠壓草莓，將榨出的草莓汁放到醋栗容器中。

栗子奶油布丁
Crème de marron

· 將淡奶油倒入一個容器內,放入冰箱冷藏。

· 用鍋鏟把純栗子泥放到另外一個容器內 (1)。

· 再加入栗子蓉 (2)、1 大匙蘭姆酒,拌勻 (3)。

· 倒入細篩網內過濾 (4),使其質地更加細膩。

· 將淡奶油從冰箱取出,加入 1 大匙砂糖,打發 (5) 成鮮奶油。

製作咖啡鮮奶油

· 把雀巢即溶咖啡倒入一個小容器中,加入 1 小杯濃縮咖啡 (6),用小匙拌勻。

份量：6 人份
準備時間：20 分鐘
放置時間：至少 1 小時

材料

栗子醬
純栗子泥 100g
栗子蓉 100g
優質黑蘭姆酒 1 大匙

咖啡鮮奶油
全脂淡奶油 200g
砂糖 1 大匙
雀巢即溶咖啡 1 小匙
濃縮咖啡（冰涼）1 小杯

收尾
濃縮咖啡（放涼）1 小杯

1 用鍋鏟把栗子泥放入容器內。

2 加入栗子蓉和 1 大匙蘭姆酒。

3 攪拌均勻。

4 利用細篩網將混合物過篩，讓它的質地更細。

5 在淡奶油裡加入 1 大匙砂糖，打發。

6 將雀巢即溶咖啡與 1 小杯濃縮咖啡混合，攪拌均勻。

栗子奶油布丁
Crème de marron

· 把混合均勻的咖啡倒入鮮奶油中 (7)，充分打勻，打成咖啡鮮奶油 (8)。

收尾

· 把做好的栗子醬分裝入 6 個小杯底部 (9)（約 1.5 公分厚）。

· 然後在每個小杯中倒入 1 小匙的濃縮咖啡 (10)。

· 最後在每個小杯中裝滿咖啡鮮奶油 (11)，抹平表面，擦淨杯口 (12)。

· 放入冰箱冷藏，至少 1 小時。

Advice

· 最後一個步驟，可改以玫瑰果醬抹在每個小杯的咖啡鮮奶油表面。

7　把已經混合均勻的咖啡倒入鮮
　奶油中。

8　充分打勻，打成咖啡鮮奶油。

9　把做好的栗子醬倒入每個小杯
　底部（約 1.5 公分厚）。

10　然後在每個小杯中倒入 1 小匙
　的濃縮咖啡。

11　最後在每個小杯中裝滿咖啡鮮
　奶油。

12　將表面的咖啡鮮奶油抹平，放
　入冰箱冷藏，放 1 小時後即可
　食用。

覆盆子巧克力布丁
Verrine chocolat framboise

· 蛋黃和砂糖混合，用打蛋器攪拌均勻 (1)。

· 準備材料：黑巧克力切碎，覆盆子榨汁 (2)。

· 將牛奶和淡奶油放入鍋中煮開後，倒入攪拌均勻的蛋黃液中，同時不停地攪拌 (3)。

· 攪拌均勻後，倒回鍋中 (4)。以微火加熱，同時用木勺不停地攪拌，直到，像英式奶油醬般濃稠潤滑 (5)，這時候的溫度應該有 82°C。

· 到達這個溫度後，立即停止加熱，將鍋底浸入冷水中降溫 (6)。

份量：6 個小玻璃杯
準備時間：20 分鐘
放置時間：2 小時

材料
蛋黃 4 個
砂糖 80g
可可含量 60％或 70％ 的黑巧克力 200g
覆盆子 250g
全脂牛奶 150ml
全脂淡奶油 100g

1 取一只碗，將蛋黃和砂糖混合，用打蛋器打勻。

2 黑巧克力切碎，覆盆子榨汁。

3 將淡奶油和牛奶煮開後，倒入蛋黃液裡並攪拌。

4 攪拌均勻後，倒回鍋中。

5 以微火加熱，直到混合物像英式奶油醬般潤滑（此時溫度應在 82℃）。

6 溫度上升到 82℃以後，就立即停止加熱，並將鍋底泡入冷水中降溫。

覆盆子巧克力布丁
Verrine chocolat framboise

- 將鍋中的混合物倒入黑巧克力碎中 (7)，用木勺攪拌 (8)。

- 直到黑巧克力碎完全融化，混合均勻，表面滑潤光亮 (9)。

- 然後加入覆盆子泥 (10)，不停地攪拌。

- 利用食物調理棒進一步打細 (11)。

- 攪拌好後用細篩網過濾，去除覆盆子的籽 (12)，讓混合物的質地更加細滑。

- 取小勺將它平均裝入小玻璃杯中 (13)，放入冰箱冷藏，至少放 2 小時，直到凝固。

Advice

- 可以用 300g 新鮮覆盆子先行壓榨過濾，以純覆盆子汁代替 250g 的覆盆子。

7 將鍋中的混合物倒入黑巧克力
碎中。

8 用木勺輕輕攪拌。

9 做好的巧克力醬應質地滑潤，
表面光亮。

10 再加入覆盆子泥與汁。

11 用食物調理棒進一步打細。

12 用細篩網過濾。

13 平均分裝入小玻璃杯中，放入
冰箱冷藏，至少放 2 小時，使
其凝固即可。

巧克力奶油布丁
Crème chocolat noir

- 將黑巧克力切碎放入一個容器中，備用。把砂糖和蛋黃混合 (1)。

- 充分攪拌直到砂糖融化在蛋黃中，但是不要把蛋黃打發變白 (2)。

- 將全脂牛奶和淡奶油一起放入鍋中，以中火加熱，煮開 (3)。

- 然後慢慢將煮滾的混合物倒入蛋黃液中，同時不停地攪拌 (4)。

- 攪拌均勻後，將混合液體倒回鍋內 (5)。以中火加熱，同時用木勺不停地攪拌。直到液體變得濃稠潤滑。如果有溫度計，測試液體溫度，上升至 82℃ 即可停止加熱 (6)。

- 蛋黃奶油醬煮好後，倒一小部分在黑巧克力碎中 (7)，輕輕攪拌 (8)。

份量：4 人份
準備時間：20 分鐘
放置時間：至少 2 小時

材料
可可含量 70% 的黑巧克力 120g
砂糖 30g
蛋黃 3 個
全脂牛奶 150ml
全脂淡奶油 150g

1 將砂糖和蛋黃混合在一起。

2 充分攪拌，但是不要把蛋黃打發而致顏色變白。

3 將全脂牛奶和淡奶油一起放入鍋中，加熱煮開。

4 煮開後慢慢倒入蛋黃液中，同時不停地攪拌。

5 攪拌均勻後，再將混合液倒回鍋內。

6 放到爐上加熱，直到混合液變得濃稠潤滑，像英式奶油醬一樣。取溫度計測量，液體溫度應為 82℃。

7 將一小部分的蛋黃奶油醬倒入黑巧克力碎中。

8 用木勺攪拌均勻。

251

巧克力奶油布丁
Crème chocolat noir

- 當倒入的蛋黃奶油醬與黑巧克力混合在一起後 (9)，再一次一點慢慢加入剩餘的蛋黃奶油醬 (10)，攪拌均勻 (11)。

- 直到鍋內的蛋黃奶油醬全部倒入拌完 (12 和 13)，攪拌均勻的巧克力奶油醬質地潤滑，表面光亮 (14)。

- 為了讓混合物更細，可使用食物調理棒，攪拌數秒鐘 (15)。

- 完成後，取湯勺將巧克力奶油醬裝入小皿中 (16)。

- 放入冰箱，冷藏至少 2 小時。

9 攪拌至蛋黃奶油醬與黑巧克力
完全融合。

10 再加入一小部分熱熱的蛋黃
奶油醬。

11 繼續攪拌。

12 再加入蛋黃奶油醬。

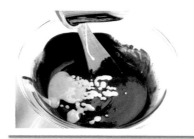

13 把鍋中的蛋黃奶油醬全部倒
入拌完。

14 繼續攪拌，直到混合均勻。

15 可使用手持攪拌器攪拌，以達
到理想的效果。

16 將混合物裝入小皿中，放入冰
箱冷藏，至少放 2 小時。

四色巧克力慕斯布丁
Verrine 4 chocolats

· 將 2 張吉利丁片放入冷水中浸泡，直到變軟。

· 準備 3 種巧克力：切細碎，分別放入 3 個容器中 (1)。

· 將開心果仁醬放在第四個容器內。

· 把全脂牛奶和淡奶油一起放入鍋中，以中火加熱。

· 將砂糖和蛋黃混合在一起，並用打蛋器攪拌。但是，不要把蛋黃打發而致顏色變白。

· 將一小部分煮開的牛奶奶油混合液倒入蛋黃液中，攪拌均勻後，再全部倒入。再次拌勻後，倒回鍋中，放爐上加熱，直到液體變成濃稠的英式奶油醬 (2)。離火，停止加熱。

· 取一片事先泡軟的吉利丁片，瀝乾水分後放在白巧克力中，再取一片放在開心果仁醬中 (3)。

· 將裝有黑巧克力碎的容器放在秤上，倒入 95g 英式奶油醬 (4)。

· 同樣的方法，分別將 95g 英式奶油醬倒入白巧克力容器 (5)、牛奶巧克力容器 (6)，及開心果仁醬容器內 (7)。

份量：6 個小玻璃杯　　材料　　　　　　　　　　全脂淡奶油 50g
準備時間：30 分鐘　　吉利丁片 2 片　　　　　　蛋黃 3 個
放置時間：至少 2 小時　可可含量 60～70% 的黑巧克力 90g　砂糖 30g
　　　　　　　　　　　牛奶巧克力 90g　　　　　奶油（打發）500ml
　　　　　　　　　　　白巧克力 90g
　　　　　　　　　　　開心果仁醬 40g（到食品店買現成的或
　　　　　　　　　　　自製；如自製請參考其後的作法）
　　　　　　　　　　　全脂牛奶 250ml

1　準備 3 種巧克力：黑巧克力、白巧克力和牛奶巧克力，分別切碎。

2　用牛奶、淡奶油、蛋黃和砂糖製作英式奶油醬。

3　吉利丁片泡軟，分別放在開心果仁醬內和白巧克力內。

4　將英式奶油醬分別倒入 4 個容器內：其中的 95g 倒入黑巧克力中。

5　95g 倒入白巧克力中。

6　95g 倒入牛奶巧克力中。

7　95g 倒入開心果仁醬中。

四色巧克力慕斯布丁
Verrine 4 chocolats

- 然後,再拿一支小打蛋器,輕輕地攪拌 (8)。將 4 個容器內的材料分別混合均勻 (9)。

- 將 125g 打發的奶油加入上述的開心果仁醬中 (10),取同樣的量加入 3 個巧克力奶油醬容器內 (11)。

- 用橡皮刮刀輕輕攪拌每個容器內的材料 (12、13、14、15 和 16)。

- 把做好的 4 種慕斯分裝到 6 個小玻璃杯中 (17):首先放一層黑巧克力慕斯,然後放一層白巧克力慕斯,再放一層牛奶巧克力慕斯,最後放上開心果仁慕斯。每放一層慕斯,就拿小玻璃杯底部輕敲手掌,使每層的慕斯層次更加分明。因此,每放一層慕斯可能要將玻璃杯放入冰箱冷藏變硬,避免 4 種材料同時疊加而混合在一起。

- 在較溫暖的室內製作此道甜品,慕斯才不至於凝結過快。

- 當 4 種慕斯全部裝入小玻璃杯中,即可放入冰箱冷藏,至少 2 小時。

Advice

- 如果自製開心果仁醬,可先將 200g 無鹽去皮的開心果仁放入攪拌機內打碎。然後,加入 5 大匙的杏仁糖漿。

- 持續攪拌 5 ～ 10 分鐘,直到質地變稠,成為膏狀即可。

8 用一支小打蛋器，輕輕地攪拌均勻。

9 分別攪拌出 4 種不同口味的奶油醬。

10 將 125g 打發的奶油加入開心果奶油醬中。

11 取同份量的打發奶油，加入 3 個巧克力奶油醬容器內。

12 用橡皮刮刀輕輕攪拌黑巧克力慕斯。

13 直到拌勻。

14 用同樣的方法製作牛奶巧克力慕斯。

15 製作白巧克力慕斯。

16 製作開心果仁慕斯。

17 每裝一層慕斯需在玻璃杯底部輕敲，將慕斯壓實後冷藏，然後再裝下一層慕斯。

烤箱溫度對照表
EQUIVALENCES THERMOSTAT
TEMPERATURE

刻度 ❶ = 50°C

刻度 ❷ = 60 ～ 80°C

刻度 ❸ = 90 ～ 110°C

刻度 ❹ = 120 ～ 140°C

刻度 ❺ = 150 ～ 170°C

刻度 ❻ = 180 ～ 200°C

刻度 ❼ = 210 ～ 230°C

刻度 ❽ = 240 ～ 260°C

刻度 ❾ = 270 ～ 290°C

刻度 ❿ = 300°C

致謝

感謝攝影：

Alain Gelberger/Catherine Bouillot：第 98 ～ 171 頁、178 ～ 257 頁
Camen Barea/Stéphanie Champalle：第 14 ～ 89 頁

在此衷心感謝每一位：

艾薇‧德拉馬蒂尼埃。刺激創意的弗洛朗斯‧雷克耶，謝謝！細心老練的羅何‧阿林，
做事精準且一絲不苟；熱心的布萊恩‧喬伊爾，提供有效的協助；熱愛美食的奧利維‧
克里斯汀；阿蘭‧傑爾柏格，卡特琳娜 ‧ 布優，充滿效率的優雅雙人組；卡門‧巴利亞，
提供火的洗禮；班傑明，既有耐性又有天分。思立微‧坎普拉，提供明智忠告與直率；
芙杭索瓦‧伍澤耶，她的點子；桑德琳‧季阿克貝緹和珍卡羅德‧埃米爾，純然天賦；
我的家人艾迪絲‧貝克。

這本書的食譜內容選自《克里斯道夫‧菲爾德的甜品課程》
《Les Leçons de pâtisserie de Christophe Felder》

第一版：

Les pâtes et les tartes de Christophe, © 2006 Éditions Minerva, Genève, Suisse

Les crèmes de Christophe, © 2006 Éditions Minerva, Genève, Suisse

Les brioches et viennoiseries de Christophe, © 2007 Éditions Minerva, Genève, Suisse

PÂTISSERIE!
L'ULTIME RÉFÉRENCE

法國甜點聖經平裝本 1

巴黎金牌主廚的
麵團、麵包與奶油課

作　　者 Christophe Felder
譯　　者 郭曉賡

編　　輯 李瓊絲
美術設計 閆虹、侯心苹

發 行 人 程安琪
總 策 畫 程顯灝
總 編 輯 呂增娣
主　　編 李瓊絲、鍾若琦
編　　輯 鄭婷尹、陳思穎、邱昌昊
美術總監 潘大智
美術編輯 侯心苹、閆虹
行銷總監 呂增慧
行銷企劃 謝儀方、吳孟蓉

發 行 部 侯莉莉
財 務 部 許麗娟
印　　務 許丁財
出 版 者 橘子文化事業有限公司

總 代 理 三友圖書有限公司
地　　址 106 台北市安和路 2 段 213 號 4 樓
電　　話 (02) 2377-4155
傳　　真 (02) 2377-4355
E － mail service@sanyau.com.tw
郵政劃撥 05844889 三友圖書有限公司

總 經 銷 大和書報圖書股份有限公司
地　　址 新北市新莊區五工五路 2 號
電　　話 (02) 8990-2588
傳　　真 (02) 2299-7900

製版印刷 鴻嘉彩藝印刷股份有限公司
初　　版 2015 年 11 月
定　　價 新臺幣 480 元
I S B N 978-986-364-076-9

國家圖書館出版品預行編目 (CIP) 資料

法國甜點聖經平裝本 .1：巴黎金牌主廚的麵
糰、麵包與奶油課 / Christophe Felder 著；郭曉
賡譯 .-- 初版 .-- 臺北市：橘子文化，2015.11
　　面；　公分
譯自：Pâtisserie：L'ultime reference
ISBN 978-986-364-076-9(平裝)

1. 點心食譜 2. 麵包

　　　　427.16　　　104021862

本書繁體中文版權由中國輕工業出版社授權出版，
版權經理林淑玲 lynn1971@126.com。

©2010 Éditions de la Martinière — Atelier Saveurs,
une marque de la Martinière Groupe, Paris pour la présente édition.